高职高专"十二五"规划精品教材

模 拟 电 子 技 术

钱 聪 李迎春 吴 琼 张新卫 编著

西安电子科技大学出版社

内 容 简 介

本书是依据教育部《高职高专教育基础课程教学基本要求》编写的。本书较大幅度地删减了分立元件电路，在保证基础知识的前提下，突出了集成电路的特点和应用。

本书共 7 章：第 1 章为半导体器件的基础知识，第 2 章为放大电路，第 3 章为集成运算放大器，第 4 章为负反馈放大器，第 5 章为集成运算放大器的应用，第 6 章为低频功率放大器，第 7 章为直流稳压电源。

本书可作为高等职业教育和中等职业教育中通信、电子、计算机、自动控制等专业"电子电路基础"课程的教材和教学参考书，也可作为具有高中文化程度从事电子技术工作的工人的培训教材。

图书在版编目(CIP)数据

模拟电子技术/钱聪等编著. —西安：西安电子科技大学出版社，2007.5(2015.2 重印)
高职高专"十二五"规划精品教材
ISBN 978 - 7 - 5606 - 1821 - 0

Ⅰ. 模…　Ⅱ. 钱…　Ⅲ. 模拟电路－电子技术－高等学校：技术学校－教材　Ⅳ. TN710

中国版本图书馆 CIP 数据核字(2007)第 037700 号

策　　划　臧延新
责任编辑　杨　璠　臧延新
出版发行　西安电子科技大学出版社(西安市太白南路 2 号)
电　　话　(029)88242885　88201467　　邮　编　710071
网　　址　www.xduph.com　　　　　电子邮箱　xdupfxb001@163.com
经　　销　新华书店
印刷单位　陕西天意印务有限责任公司
版　　次　2007 年 5 月第 1 版　2015 年 2 月第 5 次印刷
开　　本　787 毫米×1092 毫米　1/16　印　张　10.5
字　　数　242 千字
印　　数　9001～11 000 册
定　　价　16.00 元

ISBN 978 - 7 - 5606 - 1821 - 0/TN · 0367

XDUP 2113001 - 5

前　言

　　本书参照教育部高等教育司制定的《高职高专教育基础课程教学基本要求》，并汲取作者多年教学经验编写而成。

　　本书在编写过程中，根据高职高专学生以应用知识为主、理论分析为辅的原则，认真分析了现有模拟电子电路教材的内容，摒弃了部分相对繁琐的数学推导，尽可能用通俗易懂的语言来解释电路中所发生的物理过程，并辅以尽可能多的图片。本书在内容的取舍和层次安排上与现有的一些电子技术教材相比，具有以下特点：

　　1. 减少了对半导体器件内部载流子运动和内部电流的讨论，集中分析器件的外特性和功能，适当介绍参数，并在器件的讨论中贯穿了器件的简易测量，使教材从一开始就尽量突出电子电路的应用特点。

　　2. 删除了放大器的图解分析，改为以讨论的方式学习放大器放大信号的过程，从电路的原理结构上分析饱和失真和截止失真；以"必需够用"的原则为出发点，删除了放大器频率特性的理论推导，仅介绍频率特性的基本概念和描述频率的主要参数；弱化了分立元件多级放大器的计算，仅建立多级放大器的基本概念。

　　3. 为了突出应用，提高读者对实际应用电路的认知能力，本书中所分析的电路多数都用实物连接图引出，便于读者在学习过程中将理论分析与实际电子设备中的电路相结合。

　　4. 削减了部分分立元件电路，突出集成电路的应用。例如，负反馈这一章主要讨论集成运放构成的负反馈放大器。

　　5. 在运放、功放和稳压电源的分析中介绍了许多常用的集成芯片资料，以培养读者查阅资料的能力，同时便于读者在实验中查阅。

　　6. 本书中每一章都安排了 Multisim 仿真实验的内容，既强调了电子电路教学中实验的重要性，又注重了读者在学习过程中使用计算机不断线。

　　全书内容共分为 7 章，第 1 章为半导体器件的基础知识，第 2 章为放大电路，第 3 章为集成运算放大器，第 4 章为负反馈放大器，第 5 章为集成运算放大器的应用，第 6 章为功率放大器，第 7 章为直流稳压电源。本教材按照理论课教学 60 学时编写，建议教学时数为：第 1 章 10 学时，第 2 章 12 学时，第 3 章 8 学时，第 4 章 8 学时，第 5 章 10 学时，第 6 章 6 学时，第 7 章 6 学时。每章后均有本章小结和习题，供读者思考和练习。

　　本书由钱聪编写第 1、2 章，李迎春编写第 3、5 章，吴琼编写第 4、7 章，张新卫编写第 6 章，钱聪负责全书的统稿。鉴于作者水平，书中难免存在疏漏，恳请读者批评指正。

作　者

2007 年 1 月

目　　录

第1章 半导体器件的基础知识

1.1 半导体的基本知识

自然界的物质按导电能力的不同可分为导体、半导体和绝缘体。半导体，顾名思义是一种导电能力介于导体和绝缘体之间的物质。常见的半导体材料有硅(Si)、锗(Ge)、砷化镓(GaAs)等等。半导体材料除了导电能力有别于导体和绝缘体外，它还有一些独特的性质：热敏特性——温度升高，导电性能提高；光敏特性——光照增强，导电性能提高；掺杂特性——掺入微量的杂质，导电性能会大幅度改善。正是利用了半导体材料的这些性质，人们制成了二极管、三极管、集成电路等各种各样的半导体器件。要理解这些特性产生的原因，就要从半导体材料的内部结构谈起。

1.1.1 本征半导体

1. 硅材料的晶体结构

本征半导体就是纯净的半导体。我们知道，世界上所有的物质都是由原子构成的，原子又由带正电的原子核和围绕原子核旋转的带负电的电子所组成。以半导体材料硅为例，围绕硅原子核旋转的电子共有14个，分为3层，如图1.1.1(a)所示。最外层的电子(称为价电子)是4个，硅材料的导电性能主要由它们来决定。

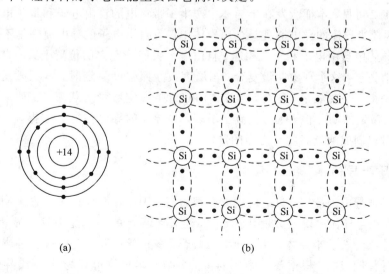

(a)   (b)

图 1.1.1 硅原子和硅材料的晶体结构

(a) 硅原子模型；(b) 硅材料晶体结构

当很多硅原子组合在一起构成硅晶体时，半导体材料内部的原子排列很整齐，原子与原子之间依靠共价键结合起来，图 1.1.1(b)为硅晶体平面结构示意图，图中原子与原子之间的虚线表示连接两个原子的共价键，共价键中的电子属于两个原子所共有，这样硅原子最外层的价电子都被共价键所束缚，而共价键中的电子不是自由的，不能自由运动。

2. 自由电子和空穴

根据前面的讨论，本征半导体中没有自由电子，因此本征半导体是不导电的，但这种情况只出现在温度为绝对零度(0 K，－273.15℃)的时候。当本征半导体的温度升高或受到光照时，有些共价键中的电子从外界获得能量，会挣脱共价键的束缚变成了自由电子，同时还产生相同数量的空穴；空穴的运动是自由的，而且带正电，因此空穴与自由电子一样可以参与导电。我们将自由电子和空穴统称为"传导电流的粒子"，简称为载流子。图1.1.2 表明了产生自由电子和空穴的过程，这个过程叫做本征激发。

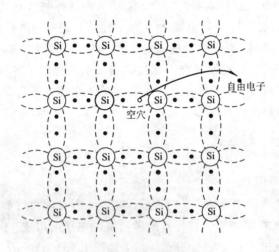

图 1.1.2　本征激发产生自由电子和空穴

由图 1.1.2 可见，本征激发在半导体中产生了带负电的自由电子和带正电的空穴这两种载流子，因此半导体的导电原理与金属导体中仅有自由电子的导电原理是不同的。

如果半导体中自由电子和空穴相遇，自由电子会回到空穴的位置上去，自由电子和空穴就成对地消失了，这个现象叫做复合。当温度或光照强度一定时，本征激发与复合会达到一个动态平衡，即激发等于复合，半导体内将维持一定数量的载流子。如果温度升高或光照变强，则激发加剧，半导体内载流子增多，半导体的导电性能就会提高。利用半导体的这一特性可以制成测量温度和光强的器件。

1.1.2　杂质半导体

本征半导体导电性能差，且对温度变化很敏感，因此，不宜直接用它来制造半导体器件。如果在本征半导体中掺入微量其它元素，会使半导体的导电能力发生显著变化，这样构成的半导体称为杂质半导体。实际上，二极管、三极管、集成电路等各种半导体器件都是由杂质半导体制成的。根据掺入杂质的不同，杂质半导体可分为 N 型半导体和 P 型半导体。

1. N 型半导体

在本征半导体中掺入少量五价元素，能够使半导体中自由电子的浓度大大增加，称这种杂质半导体为电子型半导体或 N 型半导体。如图 1.1.3(a)所示，掺入的五价杂质原子取代了某些硅原子的位置，与相邻的四个硅原子组成共价键，但是多余一个不受共价键束缚的价电子，这个价电子很容易在常温下变成自由电子，而这种产生自由电子的过程不产生空穴。在 N 型半导体中自由电子占多数，称"多数载流子"，简称为"多子"；空穴占少数，称"少数载流子"，简称为"少子"。图 1.1.3(b)所示为 N 型半导体的简化示意图。需要注意的是，杂质原子失去了一个电子后，成为一个带正电的离子，它与自由电子和空穴不同，不能自由移动，不能参与导电，不是载流子。

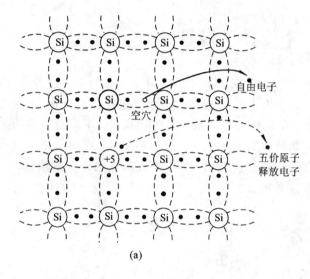

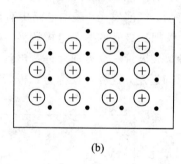

图 1.1.3　N 型半导体结构示意图

(a) 共价键结构模型；(b) 简化示意图

尽管 N 型半导体中自由电子的数量远多于空穴，但半导体中正、负电荷数是相同的，故 N 型半导体不带电，我们称其是电中性的。

2. P 型半导体

在本征半导体中掺入少量三价元素，能够使半导体中空穴的浓度大大增加，称这种杂质半导体为空穴型半导体或 P 型半导体。在 P 型半导体中，空穴占多数，称为多数载流子；自由电子占少数，称为少数载流子。图 1.1.4 所示为 P 型半导体的简化示意图，图中掺入的杂质原子夺取了一个电子后，成为一个带负电的离子，同理，它不能自由移动，不导电，所以半导体中正、负电荷数也是相同的，P 型半导体是电中性的。

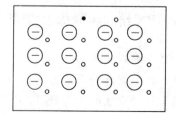

图 1.1.4　P 型半导体简化示意图

1.1.3 半导体中载流子的运动方式

1. 漂移运动

如果在半导体两端加上电压，就会在半导体中建立起电场。自由电子和空穴在电场作用下做定向运动，这种运动叫做漂移运动，由此形成的电流叫漂移电流。

2. 扩散运动

如果有某种原因使半导体中一边载流子的浓度高于另一边，即使没有外加电压，载流子也会从高浓度区域向低浓度区域作定向运动，这种运动叫做扩散运动，由此形成的电流叫扩散电流。

1.2 半导体二极管

学习二极管之前，先来看下面的一个电路。在图 1.2.1(a) 中，电池两端的电压 U 为 3 V；元件 V_D 是二极管，有两个电极，一个为正电极，另一个为负电极；L 为灯泡。电路连接好后，灯泡发光，表明电路中有电流，电流由二极管的正极流向负极。不改变电路的结构，仅把二极管的两个电极调换方向，如图 1.2.1(b) 所示，灯泡不发光，说明电路里没有电流。二极管一个方向允许有电流通过，叫做正向运用，另一个方向不允许电流通过，叫做反向运用，这种现象称为二极管的单向导电性。

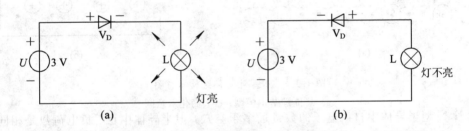

图 1.2.1 二极管单向导电性演示电路

(a) 正向运用电路；(b) 反向运用电路

1.2.1 PN 结和半导体二极管

1. PN 结的形成

将一块半导体的两边分别做成 P 型区域和 N 型区域，P 区和 N 区的交界面处将形成一个具有特殊性能的电荷薄层，这个电荷薄层就叫做 PN 结。

如图 1.2.2 所示，在电荷薄层中靠近 P 区一边有不能移动的负电荷，而靠近 N 区一边有不能移动的正电荷，正、负电荷之间形成电场，叫做内建电场，电场两端存在着电位差，称为接触电位差。锗材料 PN 结的接触电位差为 0.2～0.3 V；硅材料 PN 结的接触电位差为 0.6～0.8 V。

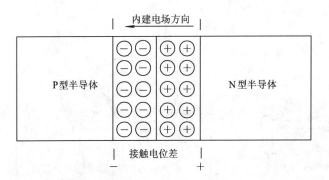

图 1.2.2 PN 结的形成

由于 PN 结对载流子的扩散具有阻止作用，因此有时也称 PN 结为"阻挡层"；因内建电场所占据的区域中存在不能移动的正、负电荷，故电场区域又叫做"空间电荷区"。

从 P 区引出一条电极（称为正极），再从 N 区引出一条电极（称为负极），然后将 PN 结封装好外壳，就构成了半导体二极管。常见的二极管外形如图 1.2.3(a)所示，图 1.2.3(b)所示为半导体二极管的电路符号。

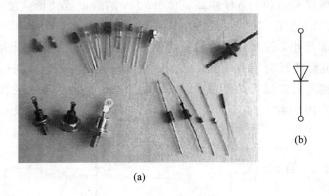

(a)

图 1.2.3 半导体二极管的外形和电路符号

(a) 各种二极管的外形；(b) 电路符号

2. 二极管的单向导电性

1）二极管正向运用

二极管的正极接高电位，负极接低电位（即 PN 结的 P 区接高电位，N 区接低电位），称为二极管处于正向运用，又叫加正向电压或叫正偏，电路如图 1.2.4(a)所示。此时流过二极管的电流比较大，电流的方向是由正极流向负极。用电压表测量二极管两端电压，则硅材料二极管的 U_D 约为 0.7 V，锗材料二极管的 U_D 约为 0.2 V，测量电路如图 1.2.4(b)所示。如果增大加在二极管两端的电压，流过二极管的正向电流会迅速上升，二极管两端电压与电流的关系曲线如图 1.2.4(c)所示，称此时二极管为导通状态。

因为二极管加正向电压时，外电压产生的电场方向与内建电场的方向相反，内建电场变弱，这样就破坏了原来的平衡，P 区的空穴和 N 区的电子源源不断地扩散到对方区域，在外电路上形成一个较大的多数载流子扩散电流（毫安数量级），称其为正向电流 I_D。

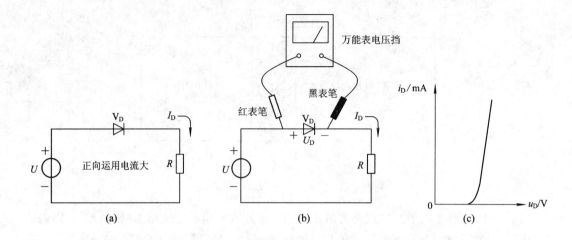

图 1.2.4 二极管加正向电压

（a）正向电压电路连接；（b）二极管两端电压测量；（c）正向运用的 V—A 特性

2）二极管反向运用

二极管的正极接低电位，负极接高电位（即 PN 结的 P 区接低电位，N 区接高电位），称为二极管处于反向运用，又叫加反向电压或叫反偏，电路如图 1.2.5（a）所示。此时流过二极管的电流非常小，许多二极管仅有零点几微安，而且反向电压增大时，反向电流几乎不变，该电流称为反向饱和电流，记为 I_S，反向运用时的电压与电流关系曲线如图 1.2.5（b）所示，称此时二极管处于截止状态。由于处于截止状态二极管的反向电流 I_S 非常小，因此实际应用中经常将其忽略，认为反向电流为零，把二极管看成开路，如图 1.2.5（c）所示。

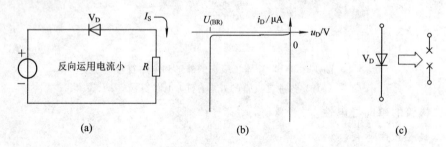

图 1.2.5 二极管加反向电压

（a）反向电压电路连接；（b）反向运用的 V—A 特性；（c）反向运用等效电路

二极管加反向电压时，外电压产生的电场方向与内建电场的方向相同，内建电场变强，扩散被阻止，只剩下少数载流子漂移运动。由于少子数量很少，故形成的反向饱和电流就非常小，但是二极管内的少子数量与温度密切相关，温度升高时，少子数量增多，反向饱和电流将增大，因此反向饱和电流 I_S 对温度非常敏感。

总之，二极管加正向电压时处于导通状态，电流比较大，二极管两端可测出 0.7 V（0.2 V）的电压，这个电压也叫正向压降；二极管加反向电压时处于截止状态，电流极小，二极管相当于开路。这就是二极管的单向导电性。

3．二极管的其它电特性

1）二极管的反向击穿特性

由图 1.2.5(b)可以看出，当反向电压超过某一数值后，反向电流会急剧增大，这种现象称为二极管发生了反向击穿，导致反向击穿的这个电压数值称为反向击穿电压，记为$U_{(BR)}$。发生反向击穿时，二极管的单向导电作用被破坏，如果不加限流电阻，由于电流太大，会使二极管温度过高而烧坏。在实际应用中，除了稳压二极管以外的其它二极管一般不允许出现反向击穿。

2）二极管的电容特性

在实际应用中，每个二极管两端都会呈现出几皮法到几百皮法的电容量，相当于有一个电容器并联在二极管两端，如图 1.2.6 所示，这是由 PN 结存储电荷所引起的，这个电容称为结电容，记为 C_J。

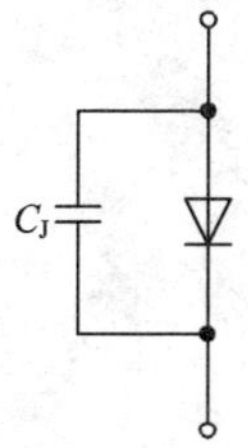

由于结电容的存在，当工作频率较高时，即使二极管加反向电压处于截止状态，也有一定的电流流过二极管，并且频率越高，电流越大，这也会破坏二极管的单向导电

图 1.2.6　二极管结电容的等效图

性，所以在多数情况下，结电容是有害的。然而结电容也存在有利的一面，在调频电路、振荡电路、电调谐电路中广泛使用的变容二极管就是利用了二极管的电容特性。

3）二极管的温度特性

半导体材料制成的二极管对温度是比较敏感的，温度对二极管的影响有：其一，反向饱和电流 I_S 随温度升高而增大，通常温度每升高 10℃，反向饱和电流 I_S 增大一倍；其二，正向压降随温度升高而降低，温度每升高 1℃，正向压降 U_D 下降 1.9～2.5 mV。

1.2.2　二极管的特性曲线和主要参数

二极管有许多类型，按材料分有硅二极管、锗二极管、砷化镓二极管等，按制作工艺分有点接触型、面结型和平面型等等，如图 1.2.7 所示。

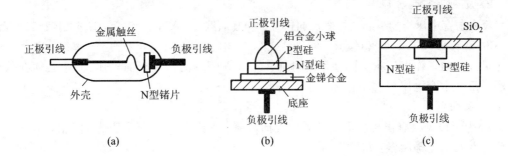

图 1.2.7　常用二极管的结构

（a）点接触型；（b）面结型；（c）平面型

1．二极管的特性曲线

由于二极管两端的电压与电流的关系是非线性的，因此用曲线来描述其电压电流关

系。在前面的讨论中已经分别画出了正向运用和反向运用时的曲线，将两个曲线合在一起，就构成完整的电压—电流曲线，称为二极管的 V—A 特性曲线。硅二极管的伏安特性曲线如图 1.2.8 所示。

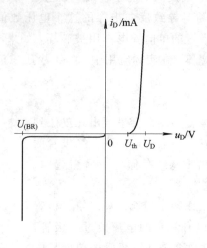

图 1.2.8　硅二极管伏安特性

正向特性：正向电压超过某一数值时，才有明显的正向电流，这个电压称为死区电压，记为 U_{th}，通常硅管 U_{th} 约为 0.5 V，锗管 U_{th} 约为 0.1 V。当二极管完全导通后，其两端电压称为正向压降 U_D，硅管 U_D 约为 0.6～0.7 V，锗管 U_D 约为 0.2～0.3 V。

反向特性：反向电流很小，硅管在 1 μA 以下，近似分析时，可以视为开路。

2. 二极管的主要参数

二极管的参数是正确选用二极管的依据，管子的参数由制造厂家给出。

1）最大整流电流 I_F

最大整流电流指二极管长期工作时所允许通过的最大正向平均电流，例如 2AP1 为 16 mA，1N4001 为 1 A。

2）反向击穿电压 $U_{(BR)}$

反向击穿电压指能引起二极管反向击穿的电压，例如 2AP1 为 40 V，1N4001 为 100 V。

3）最大反向工作电压 U_{RM}

最大反向工作电压指实际使用时可加在二极管两端的最大反向电压。U_{RM} 必须在数值上小于反向击穿电压 $U_{(BR)}$。

4）反向电流 I_R

I_R 为二极管没有出现反向击穿时的反向电流。理论上 $I_R = I_S$，但在实际中，由于器件表面存在漏电流等因素，I_R 略大于 I_S。

5）最高工作频率 f_M

最高工作频率指保证二极管单向导电性的条件下所能达到的最大的工作频率。这是由 PN 结电容 C_J 决定的参数，当工作频率超过 f_M 时，由于 C_J 的旁路作用，使得二极管的单向导电性变坏。

6）直流电阻 R_D

在电路中经常把正向运用的二极管看做一个等效电阻。如图 1.2.9 所示，二极管两端

的直流电压 U_D 与流过二极管的直流电流 I_D 之比定义为二极管的直流电阻，即 $R_D = U_D / I_D$。从图中可以看出，二极管工作的电流不同，其等效直流电阻的大小是不同的，A 点的直流电阻 $R_{DA} = U_{DA} / I_{DA}$ 大，而 B 点的直流电阻 $R_{DB} = U_{DB} / I_{DB}$ 小。用万能表测量二极管的好坏，就是根据直流电阻 R_D 来判断的。如图 1.2.10 所示，按图（a）测量，二极管是正向运用，电阻小，通常为几十到几百欧；按图（b）测量，二极管为反向运用，电阻大，

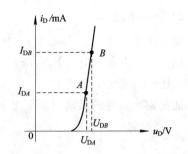

图 1.2.9　二极管直流电阻的几何意义

通常为几百千欧到十几兆欧，正、反向电阻相差越大，二极管的单向导电性就越好。

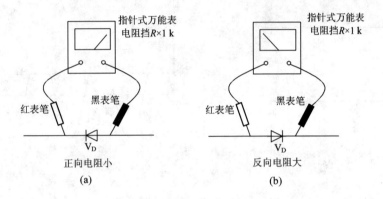

图 1.2.10　用万能表测量二极管

1.2.3　二极管应用电路举例

1. 整流电路

把交流电压变成单方向电压，叫整流。简单整流电路如图 1.2.11(a) 所示，V_D 为理想二极管。所谓理想二极管，就是正向运用时，忽略正向压降，取 $U_D \approx 0$，将二极管看成一条短路导线；反向运用时，忽略反向饱和电流，将二极管看成开路。则 $u_i > 0$ 时，V_D 导通，$u_o = u_i$；$u_i < 0$ 时，V_D 截止，$u_o = 0$。u_o 是单方向变化的电压，其波形如图 1.2.11(b) 所示。

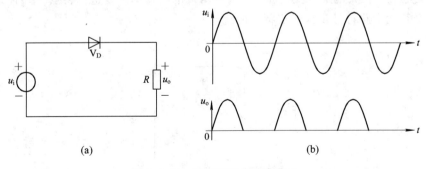

图 1.2.11　简单整流电路和波形
（a）电路；（b）输入、输出波形

2. 限幅电路

简单限幅电路如图 1.2.12(a)所示，V_D 为理想二极管，R 是限流电阻，起保护二极管的作用，U 为直流电压，称为限幅电平。当 $u_i \geqslant U$ 时，V_D 导通，视为短路，$u_o = U$；当 $u_i < U$ 时，V_D 截止，视为开路，$u_o = u_i$。其输入、输出波形如图 1.2.12(b)所示，可见，该电路能把输出信号的最高电平限制在某一数值上，故称为上限幅电路。

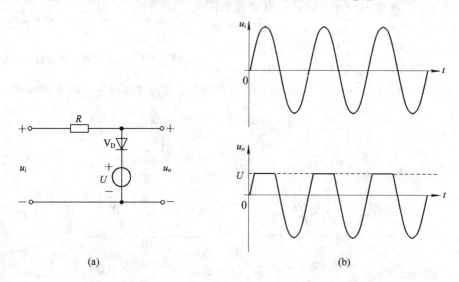

(a)　　　　　　　　　　　　　　　　(b)

图 1.2.12　二极管限幅电路及波形
(a) 电路；(b) 输入、输出波形

1.2.4　特殊二极管

在实际应用中，除了上面讨论的普通二极管外，还有一些特殊用途的二极管，下面介绍几种常见的特殊二极管。

1. 稳压二极管

专门制造用来工作在反向击穿状态的二极管称为稳压二极管，它利用了 PN 结发生反向击穿后，电流在较大范围内变化时，二极管两端电压基本不变这一特点。图 1.2.13 所示为稳压二极管的电路符号及其伏安特性曲线。

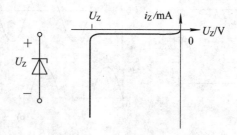

图 1.2.13　稳压二极管的电路符号及其特性曲线

稳压二极管主要有如下几个参数：

① 稳定电压 U_Z。稳压管正常工作时管子两端的电压。要注意的是，即使同型号的稳压管，其稳定电压也有差异，例如 2CW15 的 U_Z 为 2～3.5 V，使用时要根据需要进行挑选。

② 最小稳定电流 I_{Zmin}。有的书中将 I_{Zmin} 称为稳定电流。稳压管正常工作时，流过稳压管的电流应大于最小稳定电流，此时二极管两端电压 U_Z 最稳定，如果电流小于最小稳定电流，稳压效果变差。

③ 最大稳定电流 I_{Zmax}。流过稳压管的电流应小于 I_{Zmax}，否则会使稳压管的功耗超过额定功耗而损坏。

④ 动态电阻 r_D。动态电阻越小，电压 U_Z 越稳定，通常稳压管的动态电阻 r_D 为毫欧数量级。

2. 发光二极管和光电二极管

发光二极管是用砷化镓、磷砷化镓等特殊化合物制成的二极管，这种二极管在正向电流通过时，能将电能转换成光能而发光。根据发光波长不同，光电二极管可分为激光管、红外光管和可见光管。激光管用于激光产生器中，如光纤通信中的激光发射器，VCD、DVD 中的激光头等。红外管常用于各种遥控发射器中。最常用的发光二极管是发出可见光的发光二极管 LED，有单色、双色、变色等等。单色管的常见的发光颜色有红、绿、黄等。双色发光管是将两只 LED 反向并联后封装在一起，一只发红光，另一只发绿光，例如 2EF303、2EF313 等。三变色发光管有三个电极，单独给一个电极加电，发单色光红光(或绿光)，同时加电发复色光橙光。LED 的正向电压比普通二极管高，约为 1.3～2.5 V，典型工作电流为 5～15 mA。LED 通常用作显示器件，如指示灯、数码管等。

光电二极管是能将光能转变成电流的器件。光电二极管会在光照时产生电流，光照越强，电流越大。光电二极管与普通二极管相似，只是在管壳上留有使光线照入的透明窗口。光电二极管可用来做光的检测元件，如光敏传感器，也可以用来制作光电池。

3. 变容二极管

利用 PN 结电容特性制作的二极管称作变容二极管。变容二极管的电容量随外加直流电压的变化而改变，相当于一个由电压控制的可变电容。变容二极管通常用在频率变换和调谐电路中，如电视机的选台调谐电路中就有变容二极管。

1.3　双极型三极管

双极型三极管(BJT)又称为半导体三极管、晶体三极管，以下统称为三极管。与二极管相比，三极管最重要的特性是具有电流放大能力，因此三极管是电子线路中最重要的器件。三极管的常见外形如图 1.3.1 所示。本节将介绍三极管的结构，讨论三极管的电流放大作用、各电极的电流关系和特性曲线。

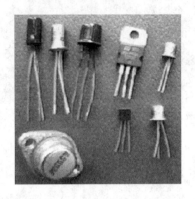

图 1.3.1　三极管的常见外形

1.3.1　三极管的结构

　　三极管的内部结构如图 1.3.2 所示。图 1.3.2(a)所示为 NPN 型三极管的结构示意图，中间是一层很薄的 P 型半导体，称做基区，两侧 N⁺ 和 N 型半导体分别称做发射区和集电区。为了便于发射电荷，发射区在掺入杂质时浓度很高，该区用 N^+ 表示；集电区通常面积比较大，便于收集电荷。每个区引出一个电极，分别称为基极 b、发射极 e 和集电极 c，电路符号中箭头方向表示该管放大工作时发射极电流的流向。与之相对应的另一种结构是 PNP 型三极管，如图 1.3.2(b)所示。

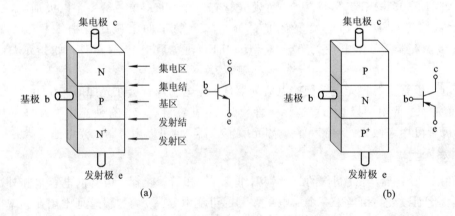

(a)　　　　　　　　　　　　　　　　(b)

图 1.3.2　三极管的结构示意图和电路符号

(a) NPN 型三极管；(b) PNP 型三极管

1.3.2　三极管的电流放大作用

1. 三极管具有电流放大作用的工作条件

　　要使得三极管具有电流放大作用，就必须给三极管加上直流工作电压，保证三极管处于放大状态。三极管处于放大状态的外部电压条件是：发射结(即发射极与基极之间的 PN 结)加正向电压、集电结(集电极与基极之间的 PN 结)加反向电压，实际连接电路如图 1.3.3(a)所示，将图 1.3.3(a)绘制成原理电路即为图 1.3.3(b)。图中三极管为 NPN 型，一个直流电源 V_{BB} 通过 R_b 给发射结加上正向电压，$U_{BE} \approx 0.7$ V，R_b 是基极限流电阻，称为基极电阻。另一个直流电源 V_{CC} 接在集电极和发射极之间。因为 $U_{CB} = U_{CE} - U_{BE}$，而 $U_{CE} = V_{CC}$，所以只要 V_{CC} 大于 0.7 V，就使得 $U_{CE} > U_{BE}$，集电结加上了反向电压。对于 PNP 管，也需要发射结加正向电压、集电结加反向电压，所以电源电压的方向与 NPN 相反，如图 1.3.3(c)所示。

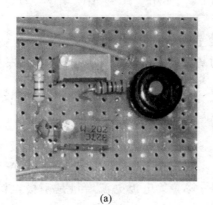

(a)

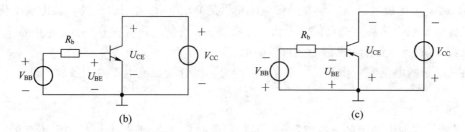

(b)　　　　　　　　　　　　　　(c)

图 1.3.3　三极管外部直流工作电压连接图

（a）实际电路连接；（b）NPN 管原理电路；（c）PNP 管原理电路

2. 三极管的电流放大作用

将图 1.3.3(b)中的 R_b 换成 R_{b1} 与可变电阻 R_w 串联，并在基极、集电极和发射极各接一个电流表，就构成如图 1.3.4 所示的测试电路。改变 R_w 的大小，基极电流随之改变。将每次改变的基极电流、集电极电流和发射极电流从电流表中读出，填入表 1.1 中。

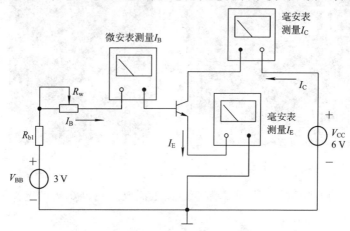

图 1.3.4　三极管各极电流测试电路

表 1.1　三极管各极电流测试数据

$I_B/\mu A$	0	20	40	60	80	100
I_C/mA	0.001	1.001	2.001	3.001	4.001	5.001
I_E/mA	0.001	1.021	2.041	3.061	4.081	5.101

观察表 1.1，从实验数据可以得到以下结论：

（1）NPN 型三极管的基极电流和集电极电流都是流进三极管的，而发射极电流是流出三极管的。（对于 PNP 型三极管则正好相反。）

（2）表中每一列数据均满足

$$I_E = I_B + I_C$$

即表明三极管的电流符合基尔霍夫结点电流关系，称为三极管的电流分配关系。

（3）基极电流 I_B 由 0 μA 增加到 20 μA，即 $\Delta I_B = 20\ \mu A$，集电极电流从 0.01 mA 增加到 1.001 mA，即 $\Delta I_C = 1$ mA，集电极电流增量是基极电流增量的 50 倍；基极电流从 80 μA 增加到 100 μA，即 $\Delta I_B = 20\ \mu A$，集电极电流从 4.001 mA 增加到 5.001 mA，即 $\Delta I_C = 1$ mA，集电极电流增量也是基极电流增量的 50 倍。这表明微小的基极电流变化引起了集电极电流数十倍甚至上百倍的变化，这就是三极管的电流控制作用。基极电流 I_B 对集电极电流 I_C 的控制作用，也称为三极管的电流放大作用。

将三极管的电流放大作用以 β 来表示，称为三极管的交流电流放大系数，即

$$\beta = \frac{\Delta I_C}{\Delta I_B}$$

β 是三极管体现放大能力的重要参数。三极管一经制成，β 的值基本上是固定不变的，可由仪表测出。现在很多万能表都能测量 β 的值。图 1.3.5 所示为数字万能表测量 β 的值：将测量挡位置于 HFE 挡，然后把三极管插入测量插孔中，显示的数字即为 β 的值。一般成品的三极管 β 的值在 20～200 之间。

图 1.3.5　数字万能表测量三极管 β 的值

需要说明的是，三极管还有一个参数叫直流电流放大系数 $\overline{\beta}$。$\overline{\beta}$ 的定义为

$$\overline{\beta} = \frac{I_C}{I_B}$$

通常交流电流放大系数 β 和直流电流放大系数 $\bar{\beta}$ 在数值上相差很小，实际应用中都不具体区别 β 和 $\bar{\beta}$，认为 $\beta=\bar{\beta}$。

1.3.3　三极管的特性曲线和参数

1. 三极管的特性曲线

三极管的特性曲线用来描述各极电流与电压的关系，了解三极管特性曲线是进行三极管电路分析的基础。

把三极管的一个电极作输入端，另一个电极作输出端，第三个电极作输入、输出的公共端，则有三种基本的连接方式（称为组态），分别是共发射极组态、共集电极组态和共基极组态，如图 1.3.6 所示。连接方式不同，所表现出的特性曲线也不完全相同，其中以共发射极特性曲线最为常用。下面仅讨论共发射极特性曲线。

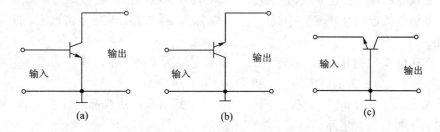

图 1.3.6　三极管的基本连接方式

（a）共发射极组态；（b）共集电极组态；（c）共基极组态

三极管的共发射极特性曲线分为输入特性曲线和输出特性曲线两组，可以由特性曲线图示仪测出，也可以由图 1.3.7 所示电路测出。

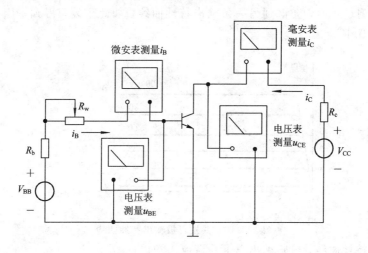

图 1.3.7　测量三极管特性曲线的电路

1）输入特性曲线

输入特性曲线所描述的是加在基极与发射极之间的电压 u_{BE} 和与之对应的基极电流 i_B 的关系。测量方法是：将 u_{CE} 固定在某一数值时，改变 u_{BE}，测量与之对应的 i_B，把 u_{BE} 和 i_B 一一对应的数值绘制在 i_B—u_{BE} 的坐标系上，就得到输入特性曲线，如图 1.3.8 所示。

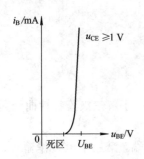

图 1.3.8 共发射极输入特性曲线

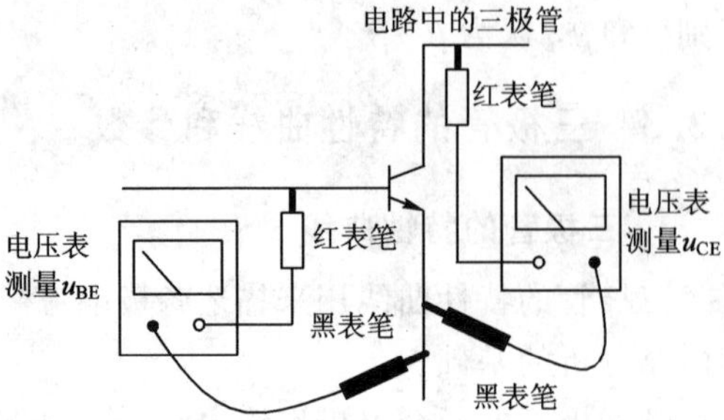

图 1.3.9 三极管 u_{BE} 和 u_{CE} 的测量

观察输入特性曲线，可以得到如下几点应用知识：

（1）三极管的输入特性曲线与二极管的伏安特性曲线的形状很相似，当 $u_{BE}<0.5\ V$ 时为死区，基极电流近似为 0；当 $u_{BE}>0.5\ V$ 时，随着 u_{BE} 增加，基极电流增大，近似呈指数规律变化。

（2）在正常工作范围内，u_{BE} 近似为一常数，记为 U_{BE}。硅材料三极管 $U_{BE}\approx 0.6\sim 0.8\ V$，图 1.3.9 所示为测试电路中三极管 u_{BE} 和 u_{CE} 的方法。

（3）图 1.3.8 中的 $u_{CE}\geqslant 1\ V$，表明 $u_{CE}\geqslant 1\ V$ 以后所有的曲线都重合了，通常就用这一条曲线分析三极管放大电路。

2）输出特性曲线

输出特性曲线所描述的是加在发射极与集电极之间的电压 u_{CE} 和与之对应的集电极电流 i_C 的关系。测量方法是：将 i_B 固定在某一数值时，改变 u_{CE} 测量与之对应的 i_C，把 u_{CE} 和 i_C 一一对应的数值绘制在 i_C—u_{CE} 的坐标系上就得到一条输出特性曲线。然后改变另一个 i_B 数值，重新测量一遍，会得到另一条输出特性曲线，如此重复，得到一组输出特性曲线族，如图 1.3.10 所示。

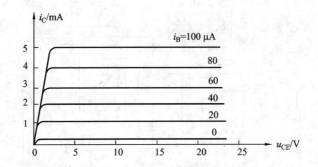

图 1.3.10 共发射极输出特性曲线

观察输出特性曲线，可归纳出以下几点应用知识：

（1）u_{CE} 很小时，i_C 随 u_{CE} 增大而迅速增大，曲线上升，这个区域称为饱和区。三极管工作在饱和区时，没有放大作用，此时集电极与发射极之间的电压称为饱和管压降，记为 U_{CES}，一般小功率三极管的 U_{CES} 为 $0.3\sim 0.5\ V$。

（2）$u_{CE}>0.5\ V$ 时，i_C 不跟随 u_{CE} 变化，曲线水平，这个区域称为放大区。三极管工作在放大区时，具有电流放大作用，i_C 受 i_B 控制，即 $i_C=\beta i_B$。

（3）$i_B = 0$ 以下的区域通常称为截止区。三极管工作在截止区时，没有放大作用，i_C 和 i_E 都约为 0，管子三个电极几乎没有电流。

在实际应用中排除电路故障时，判断三极管工作在放大状态、饱和状态和截止状态是很重要的。图 1.3.11 所示是通过测量各个电压判断电路板上三极管的工作状态，图（a）中 $U_{BE} = 0.7$ V，$U_{CE} = 5$ V，$U_{CE} > U_{BE}$，管子处于放大状态；图（b）中 $U_{BE} = 0.7$ V，$U_{CE} = 0.3$ V，$U_{CE} < U_{BE}$，管子处于饱和状态；图（c）中 $U_{BE} = -1$ V，$U_{CE} = 5$ V，管子处于截止状态。

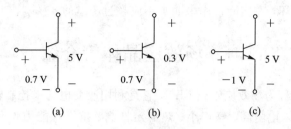

图 1.3.11　通过测量电压判断管子的状态
（a）放大状态；（b）饱和状态；（c）截止状态

2. 三极管的主要参数

三极管的参数是使用三极管的依据。在电路检测中，如果三极管损坏而没有同型号的三极管替换，则要根据参数相近的原则选用其它型号的三极管替换。所以，了解三极管的参数是设备维修技术人员所必需的。三极管的参数很多，这里选择其中主要的几项加以介绍。

1）电流放大系数

$$\beta = \frac{\Delta I_C}{\Delta I_B}$$

三极管的 β 越大，电流放大作用越好。但 β 也不是越大越好，β 如果超过 200，管子的稳定性会变差。

2）极间反向电流

反向饱和电流 I_{CBO}：发射极开路时，集电极—基极之间的反向电流。

穿透电流 I_{CEO}：基极开路时，集电极—发射极之间的电流。

I_{CBO} 和 I_{CEO} 是反映三极管温度稳定性的参数，这两个电流越小，三极管温度稳定性越高。现代硅平面工艺生产的三极管这两个电流都非常小，一般情况下可以忽略不计。

3）极限参数

极限参数主要有反向击穿电压、集电极最大允许电流和集电极最大允许耗散功率，这三个参数都是三极管在使用中不允许超过的参数。一般来讲，超过这三个参数中任意一个都可能导致三极管损坏。

（1）反向击穿电压。

$U_{(BR)CBO}$：发射极开路，集电极—基极之间的反向击穿电压。

$U_{(BR)EBO}$：集电极开路，基极—发射极之间的反向击穿电压。

$U_{(BR)CEO}$：基极开路，集电极—发射极之间的反向击穿电压。

$U_{(BR)CER}$：基极与发射极之间接电阻，集电极—发射极之间的反向击穿电压。

$U_{(BR)CES}$：基极与发射极之间短路，集电极—发射极之间的反向击穿电压。

在以上这些击穿电压中，$U_{(BR)CEO}$ 是最重要的，在实际使用中加在 c、e 之间的电压不允许超过 $U_{(BR)CEO}$ 的 2/3，选择三极管通常以它为准。

（2）集电极最大允许电流 I_{CM}：允许长时间流过集电极的最大平均电流，在实际使用中三极管消耗的功率 P_C 通常不应超过 I_{CM} 的 80%。

（3）集电极最大允许耗散功率 P_{CM}：P_{CM} 是三极管允许消耗功率的最大值，超过 P_{CM} 将使三极管因过热而损坏，在实际使用中通常不应超过 P_{CM} 的 80%。

1.4　场效应晶体管介绍

场效应晶体管简称为场效应管或 FET，它是利用改变电场来控制输出电流的半导体器件。场效应管具有输入电阻高、噪声小、热稳定性高、抗干扰能力强和制作工艺简单等优点，在现代的各种集成电路中得到广泛的应用。

1. 场效应管的分类

基本的场效应管分为结型和绝缘栅型，它们又分为 N 型导电沟道和 P 型导电沟道，如表 1.2 所示。

表 1.2　场效应管的分类

大　类	细　类	简　称
结型场效应管 JFET	N 沟道结型场效应管	NJFET
	P 沟道结型场效应管	PJFET
绝缘栅型场效应管 MOS	N 沟道增强型场绝缘栅效应管	ENMOS
	N 沟道耗尽型场绝缘栅效应管	DNMOS
	P 沟道增强型场绝缘栅效应管	EPMOS
	P 沟道耗尽型场绝缘栅效应管	DPMOS

2. 场效应管的电路符号

场效应管有三个电极，分别是栅极 g、漏极 d 和源极 s，六种场效应管的电路符号如图 1.4.1 所示。

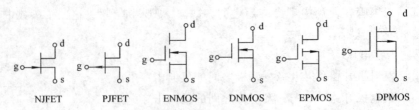

NJFET　　PJFET　　ENMOS　　DNMOS　　EPMOS　　DPMOS

图 1.4.1　场效应管的电路符号

场效应管的三个电极如果与双极型三极管对应来理解，则栅极 g 对应于三极管的基极 b，漏极 d 对应于三极管的集电极 c，源极 s 对应于三极管的发射极 e。

3. 场效应管的放大作用

三极管的放大作用体现在基极电流 I_B 对集电极电流 I_C 的控制作用，即 $I_C = \beta I_B$。也就是说，用微小的基极电流去控制较大的集电极电流。而场效应管则是用栅极到源极之间的电压 U_{GS} 控制漏极电流 I_D，控制能力的大小由场效应管放大参数"跨导 g_m"来体现，即 $I_D = g_m U_{GS}$。在这里，g_m 就相当于三极管的 β，g_m 越大，场效应管的放大能力就越大。这时，U_{GS} 的微小变化在场效应管中就变成了 I_D 的较大变化。

4. 场效应管的主要参数

场效应管的参数是使用场效应管的依据。在电路检测中，如果场效应管损坏而没有同型号的管子替换，则要根据参数相近的原则选用其它型号的场效应管替换。所以，了解场效应管的参数是设备维修技术人员所必需的。场效应管的参数很多，这里选择其中主要的几项加以介绍。

1) 低频跨导 g_m

低频跨导 g_m 是 U_{DS} 一定时，漏极电流变化量与引起这一变化的栅源电压变化量之比，即

$$g_m = \frac{\Delta i_D}{\Delta u_{GS}}\bigg|_{U_{DS}=C}$$

跨导 g_m 的单位是 S(西门子)。跨导 g_m 是衡量场效应管放大作用的重要参数，通常场效应管的 g_m 为几毫西到几十毫西。

2) 夹断电压 $U_{GS(off)}$ 和开启电压 $U_{GS(th)}$

结型和耗尽型绝缘栅场效应管有一个夹断电压 $U_{GS(off)}$，对于 N 沟道管，当 $U_{GS} \leqslant U_{GS(off)}$ 时，场效应管就关断了，电流 I_D 等于 0；对于 P 沟道管，当 $U_{GS} \geqslant U_{GS(off)}$ 时，场效应管就关断了，电流 I_D 等于 0。

增强型绝缘栅型场效应管有一个开启电压 $U_{GS(th)}$，对于 N 沟道管，当 $U_{GS} \geqslant U_{GS(th)}$ 时，才能有漏极电流 I_D，也就是说场效应管才开始工作；对于 P 沟道管，当 $U_{GS} \leqslant U_{GS(th)}$ 时，才能有漏极电流 I_D，场效应管才开始工作。

3) 最大漏极电流 I_{DM}

场效应管正常工作时，允许流过漏极的最大平均电流，一般不允许超过。

4) 击穿电压

击穿电压有栅源之间的击穿电压 $U_{(BR)GS}$ 和漏源之间的击穿电压 $U_{(BR)DS}$。

在实际使用中加在场效应管各电极之间的电压均不允许超过上述击穿电压，否则会损坏场效应管。

5) 漏极最大允许耗散功率 P_{DM}

管子工作时要消耗电功率，管子将电功率转变成热，使管子的温度升高。所以管子在

工作时实际消耗的功率不允许超过 P_{DM}，否则管子会因温度过高而烧毁。

5. 场效应管使用注意事项

(1) 结型场效应管的漏极和源极可以互换使用，绝缘栅型场效应管一般不能将漏极和源极互换使用。

(2) 结型场效应管的栅源电压 U_{GS} 有较严格的要求：N 沟道结型管的 U_{GS} 必须小于 0；P 沟道结型管的 U_{GS} 必须大于 0。

(3) 结型场效应管可以三个电极开路保存，绝缘栅场效应管必须将三个电极短路在一起保存，否则场效应管极易在没有使用前就损坏了。

(4) 焊接场效应管时，电烙铁必须外接地线，以屏蔽交流电场，防止损坏管子。特别是焊接绝缘栅场效应管应该断电焊接。

(5) 结型场效应管可以用万用表定性检查管子的好坏。绝缘栅型不能用万用表检查，只能用专门测试仪检测，而且要在接入测试仪后才能去掉各电极的短路线，测试结束后，应先将各电极短路后再取下管子。

本 章 小 结

本章讨论了半导体材料的导电性能、PN 结和二极管、三极管及场效应管，这些内容是学习电子线路的基础。通过本章的学习，需要掌握以下知识点。

(1) 纯净半导体中的电子和空穴是成对产生的，电子带负电，空穴带正电，它们统称为载流子。

(2) 杂质半导体分为 P 型和 N 型。P 型半导体空穴多，电子少；N 型半导体电子多，空穴少。整块杂质半导体是电中性的。

(3) PN 结(二极管)的电特性是"单向导电性"，正向运用电流大，反向运用电流小。

(4) 三极管分为 NPN 型和 PNP 型两类，它们都有三个电极：发射极、基极和集电极。

(5) 电路中的三极管存在三种工作状态：放大、饱和、截止。处于放大状态工作的三极管，必须保证发射结正向运用，集电结反向运用，此时的三极管具有电流放大作用，其特点是 $I_C = \beta I_B$，即基极电流控制集电极电流，用小电流控制大电流。

(6) 在实际工作中，可以通过测量三极管各电极对地的电位来判断三极管的工作状态，对于放大状态，各极电位如下所示。

NPN 管：$U_C > U_B > U_E$；$U_{BE} = 0.7$ V(硅管)，$U_{BE} = 0.2$ V(锗管)。

PNP 管：$U_C < U_B < U_E$；$U_{BE} = -0.7$ V(硅管)，$U_{BE} = -0.2$ V(锗管)。

(7) 场效应管的三个电极分别是源极、栅极和漏极，其放大作用体现在 $I_D = g_m U_{GS}$，即栅源电压控制漏极电流，用小电压控制大电流。

(8) 参数是表征二极管、三极管和场效应管特性的数据。这些参数中，最重要的是放大特性参数 $\beta(g_m)$ 和极限参数，放大特性参数表明三极管和场效应管的放大能力，极限参数是器件能否安全工作的依据。

习　　题

1-1　当温度升高时，半导体的导电能力将(　　)。

　　A. 增强　　　　　　　　　B. 减弱　　　　　　　　　C. 不变

1-2　在本征半导体中，电子浓度 _____ 空穴浓度；在 P 型半导体中，电子浓度 _____ 空穴浓度；在 N 型半导体中，电子浓度 _____ 空穴浓度。

1-3　判断下列说法是否正确，并在相应的括号内画√或×。

(1) P 型半导体可通过在纯净半导体中掺入五价磷元素而获得。(　　)

(2) 在 N 型半导体中，掺入高浓度的三价杂质可以改型为 P 型半导体。(　　)

(3) P 型半导体带正电，N 型半导体带负电。(　　)

(4) PN 结交界面两边存在电位差，所以，当把 PN 结两端短路时就有电流流过。(　　)

(5) 通常的 BJT 管在集电极和发射极互换使用时，仍有较大的电流放大作用。(　　)

(6) 通常的 JFET 管在漏极和源极互换使用时，仍有正常的放大作用。(　　)

1-4　三极管用来放大时，应使发射结处于_____偏置，集电结处于_____偏置。

1-5　用万能表 $R\times 1$ k 挡测得两个二极管 2CZ53 的正向电阻均为 6 kΩ，但是将这两个二极管串联起来后，测得正向电阻大于 12 kΩ，这是为什么？

1-6　有一个两端器件，如何用万能表判断该器件是电阻器、电容器还是二极管？

1-7　如何用万能表判断一个三极管的 e、b、c 极？

1-8　在放大电路中的晶体管，其电位最高的一个电极是(　　)。

　　A. PNP 管的集电极　　　　B. PNP 管的发射极　　　　C. NPN 管的发射极

1-9　测得工作在放大区的某晶体管三个极的电位分别为 0 V、-0.7 V 和 -4.7 V，则该管为(　　)。

　　A. NPN 型锗管　　　　　　B. PNP 型锗管

　　C. NPN 型硅管　　　　　　D. PNP 型硅管

1-10　放大电路中某晶体管三个极的电位分别为 $U_E = -1.7$ V，$U_B = -1.4$ V，$U_C = 5$ V，则该管类型为(　　)。

　　A. NPN 型锗管　　　　　　B. PNP 型锗管

　　C. NPN 型硅管　　　　　　D. PNP 型硅管

1-11　在场效应管的电路符号下方填上其对应的名称。

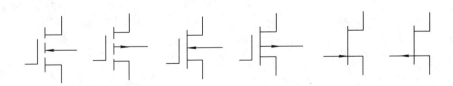

1-12　试通过计算说明题 1-12 图所示电路中二极管是导通的还是截止的？

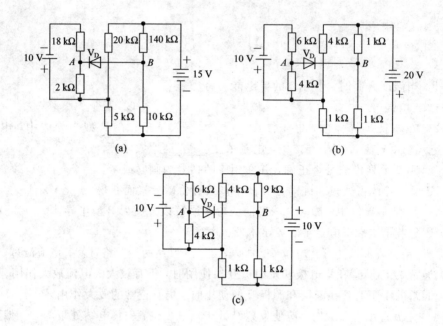

(a)　　　　　　　　　　　　(b)

(c)

题 1 - 12 图

第2章　放大电路

将微弱的电压放大是模拟电子电路的一种重要功能。各种各样的放大器电路是电子技术领域中应用极为广泛的一种电子线路。本章将介绍放大器是如何将微弱的交流电压放大的，然后讨论分析和计算放大器的常用方法，最后介绍多级放大器和放大器频率特性的概念。

图 2.0.1 所示为一个典型的放大电路系统。话筒将讲话的声音转变成微弱的交变电压，这个变化的电压在电子电路中称为"信号"。信号通过电缆送至放大器，这个过程我们称为输入。输入信号在放大器中被放大，最后从放大器中送出幅度很大的交变电压，称为输出。输出信号经过电缆送往扬声器（音箱），扬声器中就发出了较大的声音。

图 2.0.1　音频放大系统

在通信设备中，低频放大电路是应用较广泛的放大电路。所谓低频，是指交变电压的频率范围在 20 Hz～200 kHz 之间的信号。本章所讨论的放大电路均是低频放大电路。

2.1　基本放大电路的组成和放大原理

2.1.1　基本放大电路的组成

1. 基本放大电路

基本放大电路一般是指放大电路中，只有一只三极管（或场效应管）担负放大任务而构成的放大电路。通俗地说，就是最简单的放大电路。

三极管有基极 b、集电极 c 和发射极 e 三个电极，微弱的信号电压输入需要占用两个电极，放大后的信号电压输出也需要占用两个电极，这样，就必然有一个电极要成为输入与输出的公共电极。因为 b、c、e 都可以作为公共电极，所以三极管构成的基本放大电路就有三种形式：共发射极放大电路、共集电极放大电路和共基极放大电路，如图 2.1.1 所示。这三种由三极管所构成的基本放大电路又称为三种基本组态。

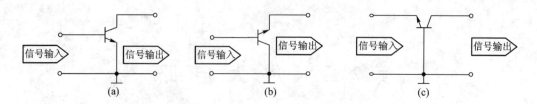

图 2.1.1　三极管放大电路的基本组态

（a）共发射极组态；（b）共集电极组态；（c）共基极组态

2. 基本共发射极放大电路的组成

在三极管的三种基本组态放大电路中，共发射极放大电路是应用最广泛的。本节以共发射极放大电路为例，介绍放大电路的组成及工作原理。

图 2.1.2(a)所示为基本共发射极放大电路的实物连接电路，把这个实物连接电路绘制成原理电路如图 2.1.2(b)所示。V_T 为 NPN 型三极管；直流电源 V_{CC} 给放大电路提供能量，一般在几伏到几十伏范围内，V_{CC} 和基极电阻 R_b 使三极管发射结正向运用，也称为正向偏置，V_{CC} 和集电极电阻 R_c 使三极管集电结反向运用，也称为反向偏置，这样三极管工作在放大状态；集电极电阻 R_c 是一个重要的电阻，它的作用是把集电极电流 i_C 的变化转变成集电极与发射极之间的电压 u_{CE} 的变化，R_c 的取值范围在几千欧至几十千欧之间；C_1 和 C_2 在这里起到隔断直流传递交流的作用，称为耦合电容。

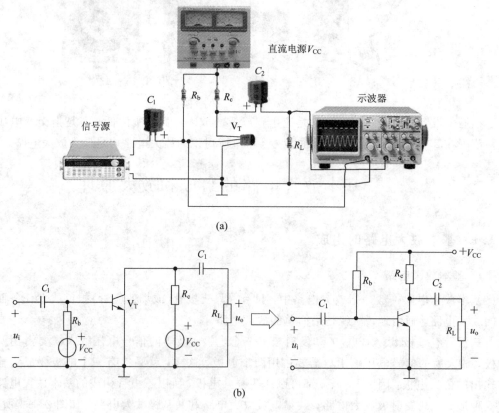

(a)

(b)

图 2.1.2　基本共射放大电路

（a）实物连接电路；（b）原理电路

输入微小的交流电压 u_i 通过 C_1 送入放大电路，放大后的交流电压由 C_2 送出。在电子电路中，凡使用这个已经放大的电压的部件均用一个电阻来代替，称为负载电阻 R_L。可见，信号从基极 b 输入，由集电极 c 输出，发射极 e 为输入和输出的公共端，故电路得名为"共发射极电路"。

2.1.2 放大电路的工作原理

1. 静态

在输入信号 u_i 为 0 时，电路的状态称为静态，这时直流电源 V_{CC} 通过电阻 R_b、R_c 为三极管提供基极直流电流 I_{BQ} 和集电极直流电流 I_{CQ}，并在三极管的电极之间形成一定的直流电压 U_{BEQ} 和 U_{CEQ}，用万能表的直流电压挡可测量出 $U_{BEQ} \approx$ 0.7 V，U_{CEQ} 在几伏到几十伏之间。在电路中测量 U_{BEQ} 和 U_{CEQ} 的方法如图 2.1.3 所示。由于耦合电容的隔断直流作用，C_1 和 C_2 是开路的。

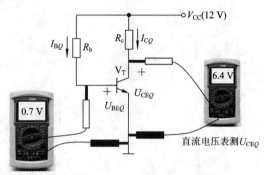

图 2.1.3 U_{BEQ} 和 U_{CEQ} 的测量

静态时三极管各极的直流电流 I_{BQ}、I_{CQ} 和极间的直流电压 U_{BEQ}、U_{BEQ} 可以在三极管的输入和输出特性曲线上分别找到一个与之对应的点，称为静态工作点，记为 Q，如图 2.1.4 所示。

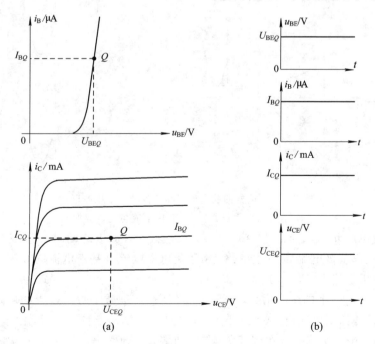

图 2.1.4 静态工作点和各极电压电流
（a）静态工作点图；（b）各极电流与电压图

2. 动态

将交流信号电压 u_i 接在放大电路输入端时电路的状态称为动态，其电路如图 2.1.5(a)所示。

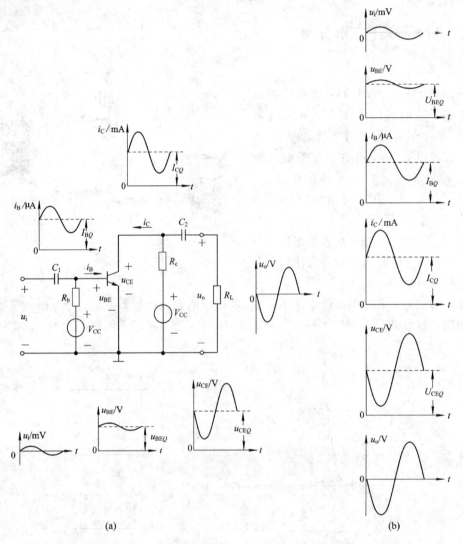

(a)   (b)

图 2.1.5　信号的放大过程和各极电流电压波形

(a) 信号的放大过程；(b) 各极电流与电压波形

输入交流电压 u_i 通过耦合电容 C_1 加在三极管的 b、e 极之间时，u_{BE} 变成交流、直流电压的叠加，引起基极电流 i_B 发生变化。由于集电极电流是基极电流的 β 倍，因此集电极电流 i_C 随着基极电流 i_B 变化，且 $i_C = \beta i_B$。

当 i_C 增大时，R_c 上的压降增大，导致 u_{CE} 降低；当 i_C 减小时，R_c 上的压降减小，导致 u_{CE} 提高，所以 u_{CE} 的变化规律与 i_C 的变化规律是相反的。u_{CE} 经过 C_2 后，由于 C_2 隔直流通交流的作用，u_{CE} 中的交流成分送到了负载 R_L 两端，得到输出电压 u_o，通常 $u_o \gg u_i$，交流信号电压被放大了。其电压、电流波形如图 2.1.5(b)所示。

需要注意的是，u_o 和 u_i 相比，相位是相反的，即 u_i 正半周对应 u_o 负半周，u_i 负半周

对应 u_o 正半周，这种现象称为共发射极放大电路输入与输出倒相。

3. 放大电路非线性失真讨论

在图 2.1.6(a)中，$u_i \uparrow \rightarrow i_B \uparrow \rightarrow i_C \uparrow \rightarrow u_{CE} \downarrow$，当 u_{CE} 降低到 $u_{CE} = U_{CES}$ 时，即使 u_i 和 i_B 继续增大，i_C 不会再增大，u_{CE} 也不会降低了，这时三极管进入了饱和状态，U_{CES} 称为饱和管压降，小功率三极管的 U_{CES} 约为 $0.3 \sim 0.5$ V。也就是说，当 u_{CE} 降低到 $0.3 \sim 0.5$ V 时，u_{CE} 就保持不变化了，这样会引起 u_{CE} 和 u_o 出现底部被切掉的现象，称为失真，如图 2.1.6(a)所示。因为这种失真是三极管进入饱和状态而引起的，故称为"饱和失真"。

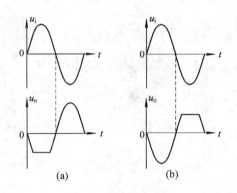

(a)　　　　　　　(b)

图 2.1.6　放大电路的饱和失真与截止失真
(a) 饱和失真；(b) 截止失真

同理，$u_i \downarrow \rightarrow i_B \downarrow \rightarrow i_C \downarrow \rightarrow u_{CE} \uparrow$，当 i_C 降低到 $i_C \approx 0$ 时，u_{CE} 升高到 $u_{CE} \approx V_{CC}$，显然 u_{CE} 不可能再升高了，这时三极管进入了截止状态。进入截止状态的三极管会引起 u_{CE} 和 u_o 出现顶部被切掉的现象，称这种失真为"截止失真"。

饱和失真和截止失真都是非线性失真，是放大电路不正常的状态，会造成重放的声音嘶哑、听不清楚，重放的图像细节丢失、看不清楚。因此放大电路必须避免出现饱和失真和截止失真。

解决饱和失真的简单方法是减小 R_c 或增大 V_{CC}；解决截止失真的简单方法是减小 R_b。

2.1.3　静态 I_{BQ}、I_{CQ} 和 U_{CEQ} 的计算

静态 I_{BQ}、I_{CQ} 和 U_{CEQ} 的计算也称为静态工作点 Q 的计算。因为这是直流电流和电压的计算，电容 C_1 和 C_2 相当于开路，由图 2.1.2(b)可得到计算 Q 点的电路如图 2.1.7 所示，该电路叫做直流通路或固定直流偏置电路。

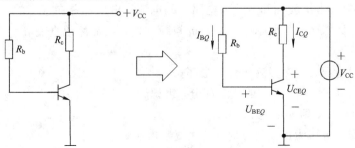

图 2.1.7　固定直流偏置电路

由图 2.1.7 可以得到静态工作点的计算公式如下：

$$I_{BQ} = \frac{V_{CC} - U_{BEQ}}{R_b} = \frac{V_{CC} - 0.7\ V}{R_b} \approx \frac{V_{CC}}{R_b}$$
$$I_{CQ} = \beta I_{BQ}$$
$$U_{CEQ} = V_{CC} - I_{CQ}R_c$$

(2.1.1)

还有一种常用的直流偏置电路叫"分压式稳定偏置电路"，其电路如图 2.1.8 所示。这种偏置电路能够使三极管工作更加稳定，所以应用就更加广泛。分压式稳定偏置电路静态工作点的估算方法如下：

$$U_B \approx \frac{R_{b2}}{R_{b1} + R_{b2}} \cdot V_{CC}$$
$$I_{CQ} \approx I_{EQ} = \frac{U_B - U_{BEQ}}{R_e} = \frac{U_B - 0.7\ V}{R_e}$$
$$U_{CEQ} \approx V_{CC} - I_{CQ}(R_c + R_e)$$

(2.1.2)

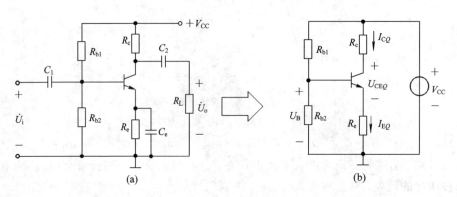

图 2.1.8　分压式稳定偏置电路
（a）原理电路；（b）直流通路

2.2　放大电路的微变等效电路分析

2.2.1　放大电路的主要技术指标

1. 电路中电流、电压的符号规定

根据上一节的分析，我们知道放大电路中的电流和电压都是在直流的基础上叠加了交流，以 u_{CE} 为例，如图 2.2.1 所示。为了分析问题方便，通常都把直流和交流分开来分析，这样就有以下符号规定：

u_{CE}——瞬时电压，包含直流和交流全部；

U_{CE}——直流电压，即 u_{CE} 中的直流部分，也记为 U_{CEQ}；

u_{ce}——交流电压，即 u_{CE} 中的交流部分；

$\dot{U}_{ce}$——当交流电压为正弦电压时，常用复数电压表示。

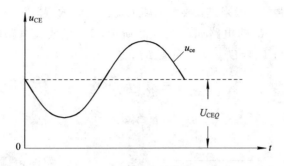

图 2.2.1　u_{CE} 的波形

2. 电压放大倍数 A_u

将放大电路画成如图 2.2.2 所示的方框，电压和电流为复数表示的正弦电压和正弦电流。

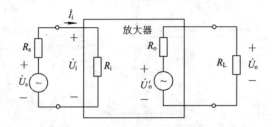

图 2.2.2　放大电路方框图

图 2.2.2 中，无论方框中是什么样的放大器，都有两个输入端，其电压为 $\dot{U}_i$，有两个输出端，其电压为 $\dot{U}_o$，则电压放大倍数定义为

$$\dot{A}_u = \frac{\dot{U}_o}{\dot{U}_i} \tag{2.2.1}$$

有时为了分析问题方便，还用 $\dot{U}_o$ 和 $\dot{U}_s$ 之比定义为另一种电压放大倍数，称为源电压放大倍数，记为 $\dot{A}_{us}$

$$\dot{A}_{us} = \frac{\dot{U}_o}{\dot{U}_s} \tag{2.2.2}$$

3. 输入电阻 R_i

从信号源的角度去看放大电路，放大电路的输入端可以看成一个电阻，这个电阻叫输入电阻，记为 R_i。输入电阻是表明放大电路从信号源吸取电流大小的参数，R_i 越大，放大电路从信号源吸取的电流则越小，因为信号源都存在内阻 R_s，故输入电压 $\dot{U}_i$ 就越高，反之亦然。R_i 的定义是

$$R_i = \frac{\dot{U}_i}{\dot{I}_i} \tag{2.2.3}$$

4. 输出电阻 R_o

从负载 R_L 的角度去看放大电路，放大电路的输出端就相当于一个新的信号电压源，任何电压源都是存在内阻的。放大电路输出端的这个新信号电压源内阻就称为放大电路的输出电阻，记为 R_o。输出电阻是表明放大电路带负载能力的重要参数，R_o 越小，放大电路

带负载的能力就越前强。一般来讲，放大电路的输出电阻 R_o 越小越好。

用测量的方法计算 R_o 的电路如图 2.2.3 所示，$\dot{U}_o'$ 是放大电路输出端的新信号源电压。当负载 R_L 开路时，$\dot{U}_o = \dot{U}_o'$，接上负载 R_L，有

$$\dot{U}_o = \frac{R_L}{R_L + R_o} \dot{U}_o'$$

则

$$R_o = \left(\frac{\dot{U}_o'}{\dot{U}_o} - 1 \right) R_L \tag{2.2.4}$$

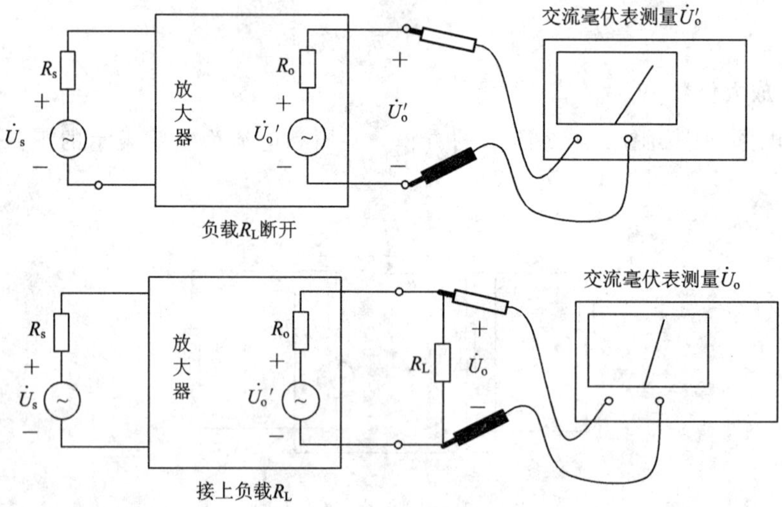

图 2.2.3 测量电路输出电阻 R_o 的方法

2.2.2 放大电路的微变等效电路分析

1. 三极管低频小信号等效电路

1）等效电路的建立

当所要放大的交流信号频率比较低（一般在 1 MHz 以下），且信号的幅度很小（一般在几十毫伏以下），这时放大电路中的三极管处于线性放大状态，即管子电压和电流关系近似是线性的。我们用线性的元件诸如电阻、电容、电压源、电流源来连接一个线性电路，用这个线性电路去模仿三极管放大交流信号，这个线性电路就叫做三极管的低频小信号等效电路，如图 2.2.4 所示。

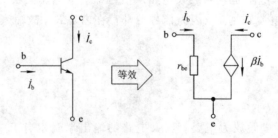

图 2.2.4 三极管低频小信号等效电路

由图可以看出，三极管 b、e 之间等效成一个电阻 r_{be}，c、e 之间等效成一个由 $\dot{I}_b$ 控制的受控电流源 $\beta\dot{I}_b$，这个受控电流源体现了三极管内集电极电流 $\dot{I}_c$ 受到基极电流 $\dot{I}_b$ 的控制，因此受控电流源 $\beta\dot{I}_b$ 不仅大小受到基极电流 $\dot{I}_b$ 控制，其方向也受到基极电流 $\dot{I}_b$ 控制，当 $\dot{I}_b$ 标为流进基极时，受控电流源 $\beta\dot{I}_b$ 的方向向下，即集电极电流 $\dot{I}_c$ 流进集电极；当 $\dot{I}_b$ 标为流出基极时，受控电流源 $\beta\dot{I}_b$ 的方向向上，即集电极电流 $\dot{I}_c$ 流出集电极。

2）等效电路中元件参数的获取

三极管的小信号等效电路中 r_{be} 和 β 可以由三极管的特性曲线获得，r_{be} 由输入特性曲线得到，如图 2.2.5(a) 所示。

$$r_{be} = \frac{\Delta u_{BE}}{\Delta i_B}$$

β 由输出特性曲线得到，如图 2.2.5(b) 所示。

$$\beta = \frac{\Delta i_C}{\Delta i_B}$$

r_{be} 还可以由公式计算得出，计算 r_{be} 的公式为

$$r_{be} = r_{bb'} + (1+\beta)\frac{26 \text{ mV}}{I_{EQ}} \tag{2.2.5}$$

式中，$r_{bb'}$ 叫做"基区体电阻"，它反映了三极管很薄的基区对基极电流的阻碍作用，对于小功率低频三极管，$r_{bb'}$ 的值约为 300 Ω；I_{EQ} 为三极管发射极静态直流电流。

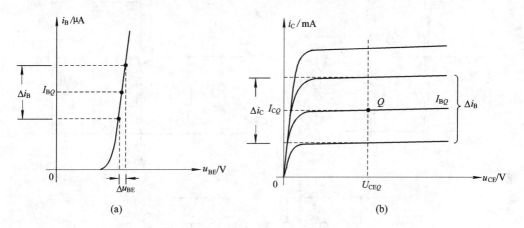

图 2.2.5　三极管低频小信号等效电路

(a) r_{be} 的求取；(b) β 的求取

2. 微变等效电路分析放大器的步骤

采用微变等效电路分析放大器，仅仅分析的是在交流输入电压作用下，放大器如何将这些微小的交流输入电压放大的，因此这里只考虑交流信号。根据这样的思想，微变等效电路分析放大器的步骤如图 2.2.6 所示。

图 2.2.6　微变等效电路分析放大器的步骤

第一步，从原放大器得到该放大器的交流通路，其方法是将原放大器中的大容量电容（耦合电容、旁路电容）和直流电源 V_{CC} 短路，适当整理电路就得到交流通路。

第二步，用三极管微变等效电路替换交流通路中的三极管，替换以后，电路中已经没有三极管了，得到的是一个含受控源的线性电路，这个电路就称为"放大器的交流小信号等效电路"。

第三步，利用放大器的交流小信号等效电路计算放大器的主要技术指标：电压放大倍数 A_u、输入电阻 R_i、输出电阻 R_o。

3. 共发射极放大器分析

共发射极放大器原理电路如图 2.2.7(a)所示，信号电压 $\dot{U}_i$ 经过 C_1 送至三极管的基极，放大后的电压由集电极经过 C_2 送往负载 R_L，发射极是输入和输出的公共端。C_1、C_2起隔直流通交流的作用，在这里称为耦合电容。电阻 R_{b1}、R_{b2} 和 R_e 构成分压式稳定偏置电路，为三极管提供合适的直流电流 I_{BQ}、I_{CQ} 和电压 U_{CEQ}。C_e 对交流信号相当于短路，称为旁路电容。

令 C_1、C_2、C_e 和 V_{CC} 短路，得到共发射极放大器的交流通路如图 2.2.7(b)所示，再将交流通路中的三极管用微变等效电路替换，最后得到放大器的交流小信号等效电路，如图2.2.7(c)所示。

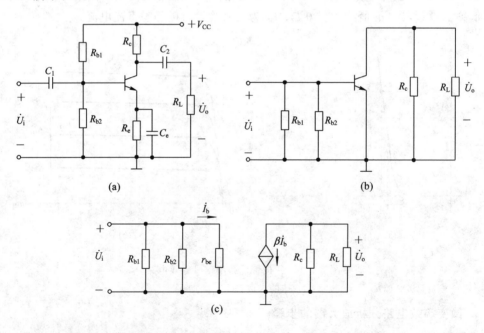

图 2.2.7　共发射极放大器及交流小信号等效电路

(a) 原理电路；(b) 交流通路；(c) 交流小信号等效电路

1）电压放大倍数 A_u

$$\dot{U}_o = -\beta \dot{I}_b (R_L /\!/ R_c) = -\beta \dot{I}_b R_L'$$

式中，$R_L' = R_c /\!/ R_L$。

$$\dot{U}_i = \dot{I}_b r_{be}$$

所以

$$A_u = \frac{\dot{U}_o}{\dot{U}_i} = -\frac{\beta R'_L}{r_{be}} \tag{2.2.6}$$

式中的负号表明共发射极放大器输入与输出信号相位相反。

2）输入电阻 R_i

由图 2.2.7(c)可以看出，R_i 为 R_{b1}、R_{b2} 和 r_{be} 三个电阻并联，即

$$R_i = R_{b1} \text{ // } R_{b2} \text{ // } r_{be} \tag{2.2.7}$$

3）输出电阻 R_o

$$R_o = R_c \tag{2.2.8}$$

例 2.1　共发射极放大电路如图 2.2.8(a)所示，已知 $V_{CC} = 12$ V，$R_{b1} = 30$ kΩ，$R_{b2} = 10$ kΩ，$R_e = 2.3$ kΩ，$R_c = 3$ kΩ，$R_L = 3$ kΩ，$U_{BEQ} = 0.7$ V，$\beta = 100$，$r_{be} = 1$ kΩ。试计算直流静态工作点 $Q(I_{CQ}$、$U_{CEQ})$和交流指标 A_u、R_i、R_o。

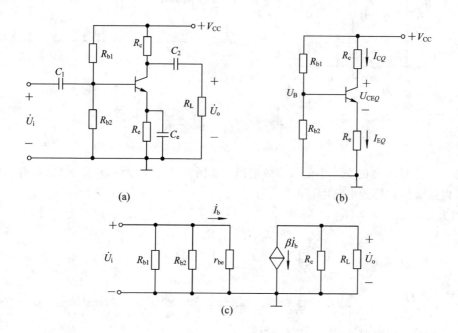

图 2.2.8　例 2.1 电路图
(a) 原理电路；(b) 直流通路；(c) 交流小信号等效电路

解　(1) 计算静态工作点 Q。

计算直流静态工作点 Q，电容 C_1、C_2 和 C_e 均看成开路，得到该放大器的直流通路如图 2.2.8(b)所示，根据式(2.1.2)可计算如下：

$$U_B \approx \frac{R_{b2}}{R_{b1}+R_{b2}} \cdot V_{CC} = \frac{10 \text{ kΩ}}{10 \text{ kΩ}+30 \text{ kΩ}} \times 12 \text{ V} = 3 \text{ V}$$

$$I_{CQ} \approx I_{EQ} = \frac{U_B - U_{BEQ}}{R_e} = \frac{3 \text{ V}-0.7 \text{ V}}{2.3 \text{ kΩ}} = 1 \text{ mA}$$

$$U_{CEQ} \approx V_{CC} - I_{CQ}(R_c+R_e) = 12 \text{ V}-(3 \text{ kΩ}+2.3 \text{ kΩ})\times 1 \text{ mA} = 6.7 \text{ V}$$

（2）计算交流指标。

先画出放大器的交流小信号等效电路，如图 2.2.8(c)所示，则

$$A_u = \frac{\dot{U}_o}{\dot{U}_i} = -\frac{\beta R_L'}{r_{be}} = -\frac{100 \times 1.5 \text{ k}\Omega}{1 \text{ k}\Omega} = -150（倍）$$

$$R_i = R_{b1} \mathbin{/\mkern-5mu/} R_{b2} \mathbin{/\mkern-5mu/} r_{be} = 30 \text{ k}\Omega \mathbin{/\mkern-5mu/} 10 \text{ k}\Omega \mathbin{/\mkern-5mu/} 1 \text{ k}\Omega \approx 882 \ \Omega$$

$$R_o = R_c = 3 \text{ k}\Omega$$

例 2.2　图 2.2.9(a)所示是一个发射极有两个电阻，其中 R_{e2} 被 C_e 旁路的共射放大器，已知 $\beta = 50$，$r_{be} = 1.25 \text{ k}\Omega$，计算 A_u 和 R_i，R_o。

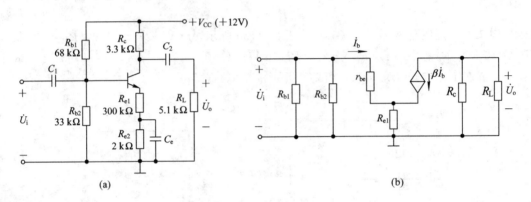

图 2.2.9　例 2.2 电路图

(a) 原理电路；(b) 交流小信号等效电路

解　画出放大器的交流小信号等效电路，如图 2.2.9(b)所示，由于 R_{e1} 没有被电容旁路，所以还保留在等效电路中。

因为

$$\dot{U}_o = -\beta \dot{I}_b (R_L \mathbin{/\mkern-5mu/} R_c) = -\beta \dot{I}_b R_L'$$

$$\dot{U}_i = \dot{I}_b r_{be} + (1+\beta) \dot{I}_b R_{e1}$$

所以

$$A_u = -\frac{\dot{U}_o}{\dot{U}_i} = -\frac{\beta R_L'}{r_{be} + (1+\beta) R_{e1}} = -\frac{50 \times (3.3 \text{ k}\Omega \mathbin{/\mkern-5mu/} 5.1 \text{ k}\Omega)}{1.25 \text{ k}\Omega + (1+50) \times 0.3 \text{ k}\Omega} \approx -6.4（倍）$$

$$R_i = R_{b1} \mathbin{/\mkern-5mu/} R_{b2} \mathbin{/\mkern-5mu/} [r_{be} + (1+\beta) R_{e1}] \approx 9.5 \text{ k}\Omega$$

$$R_o = R_c = 3.3 \text{ k}\Omega$$

发射极的电阻 R_{e1} 使得电压放大倍数降低，输入电阻提高。

4. 共集电极放大器分析

共集电极放大器原理电路如图 2.2.10(a)所示，电阻 R_{b1}、R_{b2} 和 R_e 构成分压式稳定偏置电路，为三极管提供合适的直流电流 I_{BQ}、I_{CQ} 和电压 U_{CEQ}。令 C_1、C_2 和 V_{CC} 短路，得到共集电极放大器的交流通路，如图 2.2.10(b)所示，可以看出，信号电压 $\dot{U}_i$ 送至三极管的基极，放大后的电压由发射极输出送往负载 R_L，集电极是输入和输出的公共端，电路由此而得名。由于该电路是发射极输出，因此又叫做"射极输出器"。

再将交流通路中的三极管用微变等效电路替换，最后得到放大器的交流小信号等效电路如图 2.2.10(c)所示。

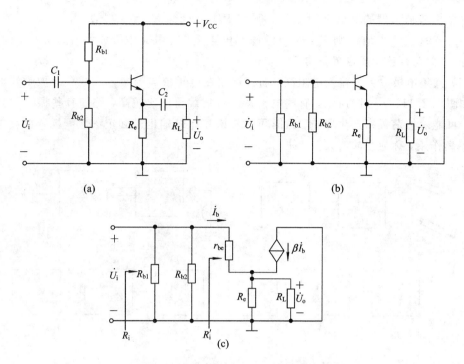

图 2.2.10　共集电极放大器及交流小信号等效电路

(a) 原理电路；(b) 交流通路；(c) 交流小信号等效电路

1）电压放大倍数 A_u

$$\dot{U}_o = (1+\beta)\dot{I}_b(R_L /\!/ R_e)$$

$$\dot{U}_i = \dot{I}_b r_{be} + \dot{U}_o = \dot{I}_b r_{be} + (1+\beta)\dot{I}_b(R_L /\!/ R_e)$$

所以
$$A_u = \frac{\dot{U}_o}{\dot{U}_i} = \frac{(1+\beta)(R_L /\!/ R_e)}{r_{be} + (1+\beta)(R_L /\!/ R_e)} \qquad (2.2.9)$$

由式(2.2.9)可以看出，共集电极放大器的电压放大倍数 A_u 小于 1，而且输入与输出的相位相同。通常都满足 $(1+\beta)(R_L /\!/ R_e) \gg r_{be}$，故

$$A_u \approx 1$$

2）输入电阻 R_i

先分析基极 b 向放大器里看进去的输入电阻 R_i'。由图 2.2.10(c)可以看出

$$R_i' = \frac{\dot{U}_i}{\dot{I}_b} = r_{be} + (1+\beta)(R_L /\!/ R_e)$$

则
$$R_i = R_{b1} /\!/ R_{b2} /\!/ [r_{be} + (1+\beta)(R_L /\!/ R_e)] \qquad (2.2.10)$$

通常，共集电极放大器的输入电阻比共发射极放大器高，如果电路经过适当地改造，可以获得很高的输入电阻，这是共集电极放大器的一个优点。

3）输出电阻 R_o

共集电极放大器的输出电阻分析比较繁琐，这里不对其进行详细地推导，只给出结论，供读者了解共集电极放大器输出电阻大小的趋势。

$$R_o = \frac{R_s' + r_{be}}{1+\beta} /\!/ R_e \qquad (2.2.11)$$

式中，$R_s' = R_s /\!/ R_{b1} /\!/ R_{b2}$，而 R_s 是输入端信号源的内阻。

共集电极放大器的输出电阻很小，例如 $R_s = 60\ \Omega$，$R_{b1} = 30\ \mathrm{k}\Omega$，$R_{b2} = 10\ \mathrm{k}\Omega$，$R_e = 2\ \mathrm{k}\Omega$，$\beta = 99$，$r_{be} = 1\ \mathrm{k}\Omega$，则 $R_o \approx 10\ \Omega$。输出电阻很小是共集电极放大器的另一个优点。

4）共集电极放大器应用介绍

（1）共集电极放大器输入电阻高，通常被用在电子仪表的输入端或多级放大器的输入级，如图 2.2.11(a)、(b)所示。有些电子系统对负载要求比较高，例如有些振荡器接上负载后，可能对振荡频率产生影响，这时可以在电子系统输出端和负载之间插入共集电极电路起隔离作用，称为缓冲放大器，如图 2.2.11(c)所示。

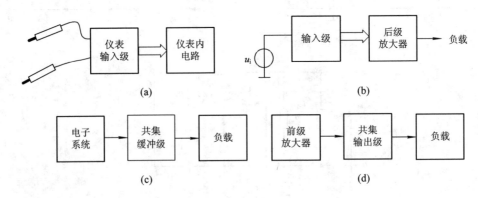

图 2.2.11　共集电极放大器的应用场合

（a）仪表输入端；（b）多级放大器输入级；（c）电子系统中缓冲级；（d）多级放大器的输出级

（2）共集电极放大器输出电阻很小，表明共集电极放大器带负载的能力较强。当负载电阻 R_L 较小时，通常需要用共集电极放大器来带动，故共集电极放大器常用在电子系统或多级放大器的输出级，如图 2.2.11(d)所示。

5. 共基极放大器分析

共基极放大器原理电路如图 2.2.12(a)所示，可以看出，信号电压 $\dot U_i$ 送至三极管的发射极，放大后的电压由集电极输出送往负载 R_L。就交流信号而言，基极是输入和输出的公共端，电路由此而得名。图 2.2.12(b)为交流小信号等效电路。

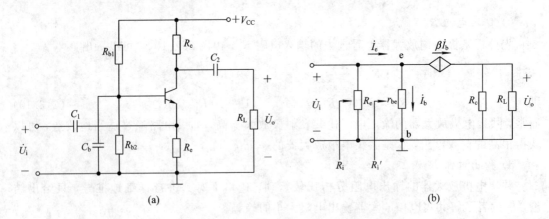

图 2.2.12　共基极放大器及交流小信号等效电路

（a）原理电路；（b）交流小信号等效电路

1）电压放大倍数 A_u

$$\dot{U}_o = \beta \dot{I}_b (R_L /\!/ R_c) = \beta \dot{I}_b R_L'$$

式中，$R_L' = R_c /\!/ R_L$。

$$\dot{U}_i = \dot{I}_b r_{be}$$

所以

$$A_u = \frac{\dot{U}_o}{\dot{U}_i} = \frac{\beta R_L'}{r_{be}} \tag{2.2.12}$$

由式（2.2.12）可以看出，共基极放大器电压放大倍数的大小与共发射极放大器相同，但是式中没有负号，表明输入电压与输出电压的相位相同。

2）输入电阻 R_i

先分析从发射极 e 向放大器里看进去的输入电阻 R_i'。由图 2.2.12(b)可以看出

$$R_i' = \frac{\dot{U}_i}{\dot{I}_e} = \frac{r_{be}}{1+\beta}$$

则

$$R_i = R_e /\!/ R_i' = R_e /\!/ \frac{r_{be}}{1+\beta} \approx \frac{r_{be}}{1+\beta} \tag{2.2.13}$$

共基极放大器的输入电阻很小，一般为十几到几十欧。

3）输出电阻 R_o

$$R_o = R_c \tag{2.2.14}$$

2.2.3　三种基本组态放大电路比较

共发射极放大电路、共集电极放大电路和共基极放大电路各有其特点，因而应用场合也有所不同。共发射极放大电路既有电压放大能力，又有电流放大能力（本书没有讨论电流放大倍数），输入与输出电阻大小适中，因此共发射极放大电路是三种组态放大电路中应用最广泛的。共集电极放大电路输入电阻高、输出电阻低，这是其优点，但电压放大倍数约为 1，所以在需要将微弱电压放大的场合就不能选用共集电极放大电路。共基极放大电路输入电阻很小，如果信号源内阻 R_s 较大，则不能选用该放大器，一般共基极放大电路多用在放大信号频率较高的场合，如电视机中的天线放大器等。

为了便于读者在学习过程中比较对照，现将它们的特点列于表 2.1 中。

表 2.1　三种基本组态放大电路比较

名称	共发射极组态	共集电极组态	共基极组态
电路形式			

名称	共发射极组态	共集电极组态	共基极组态
静态工作点计算	$U_B = \dfrac{R_{b2}}{R_{b1}+R_{b2}}V_{CC}$ $I_{CQ} \approx \dfrac{U_B - U_{BEQ}}{R_e}$ $U_{CEQ} = V_{CC} - I_{CQ}(R_c + R_e)$	$I_{BQ} = \dfrac{V_{CC} - U_{BEQ}}{R_b + (1+\beta)R_e}$ $I_{CQ} = \beta I_{BQ}$ $U_{CEQ} = V_{CC} - I_{CQ}R_c$	$U_B = \dfrac{R_{b2}}{R_{b1}+R_{b2}}V_{CC}$ $I_{CQ} \approx \dfrac{U_B - U_{BEQ}}{R_e}$ $U_{CEQ} = V_{CC} - I_{CQ}(R_c + R_e)$
放大倍数	$A_u = -\dfrac{\beta R_L'}{r_{be}}$（大）	$A_u \approx 1$	$A_u = \dfrac{\beta R_L'}{r_{be}}$（大）
相位	U_o 与 U_i 反相	U_o 与 U_i 同相	U_o 与 U_i 同相
输入电阻	中等大小	高	低
输出电阻	高	低	高
用途	多级放大器的中间级	输入级、输出级或缓冲放大器	高频或宽带放大电路

2.3　场效应管放大电路

场效应管与三极管一样，也具有将微弱信号放大的能力，用它来组成放大电路时，也分为三种基本组态电路：共源极放大电路、共漏极放大电路和共栅极放大电路。如果将场效应管构成的放大器与三极管构成的放大器相比较，则共源极放大器对应于共发射极放大器，共漏极放大器对应于共集电极放大器，共栅极放大器对应于共基极放大器。

场效应管也需要由外接的电路为其提供合适的直流电流和电压（U_{GSQ}、I_{DQ}、U_{DSQ}），以保证场效应管工作在线性放大状态，这个电路叫做"直流偏置电路"。

场效应管放大器主要采用"微变等效电路"进行分析。

2.3.1　场效应管放大器直流偏置电路介绍

场效应管构成放大器时所用的直流偏置电路如图 2.3.1 所示。图 2.3.1(a) 所示叫做"自给偏压电路"，这种直流偏置电路只能用于结型场效应管和耗尽型绝缘栅场效应管所构成的放大器中。图 2.3.1(b) 所示叫做"混合偏压电路"，可以应用于任何场效应管所构成的放大器中，但多用在增强型绝缘栅场效应管所构成的放大器中。

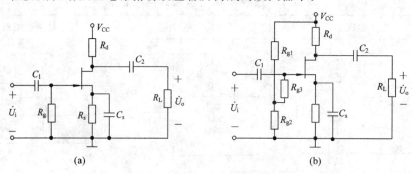

图 2.3.1　场效应管放大器常用直流偏置电路

（a）自给偏压电路；（b）混合偏压电路

2.3.2 场效应管的微变等效电路

三极管的特点是基极电流 i_B 控制集电极电流 i_C，而场效应管的栅极电流为 0，它放大信号的特点是用栅极与源极之间电压 u_{GS} 控制漏极电流 i_D，所以场效应管栅极到源极之间的电阻为无穷大。根据这样的思想得到场效应管的微变等效电路如图 2.3.2 所示。

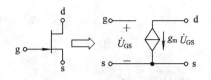

图 2.3.2 场效应管的微变等效电路

图中受控电流源 $g_m\dot{U}_{GS}$ 的大小和方向均受到 $\dot{U}_{GS}$ 控制，当 $\dot{U}_{GS}$ 所标的方向栅极为正、源极为负时，受控电流 $g_m\dot{U}_{GS}$ 的电流是流进漏极（图中向下）；当 $\dot{U}_{GS}$ 所标的方向栅极为负、源极为正时，受控电流源 $g_m\dot{U}_{GS}$ 的电流是流出漏极。需要注意的是，无论放大电路中使用哪种场效应管，其微变等效电路都是一样的。

2.3.3 共源极放大器分析

共源极放大器原理电路如图 2.3.3(a)所示，信号电压 $\dot{U}_i$ 经过 C_1 送至场效应管的栅极，放大后的电压由漏极经过 C_2 送往负载 R_L，源极是输入和输出的公共端，电路因此而得名。取 C_1、C_2 和 C_s 短路，得到共源极放大器的交流通路，如图 2.3.3(b)所示。再将交流通路中的场效应管用微变等效电路替换，得到共源极放大器的交流小信号等效电路，如图 2.3.3(c)所示。

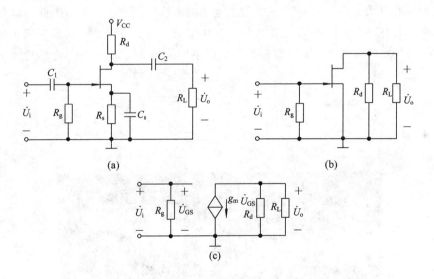

图 2.3.3 共源极放大器及交流小信号等效电路

(a) 原理电路；(b) 交流通路；(c) 交流小信号等效电路

1) 电压放大倍数 A_u

$$\dot{U}_o = -g_m\dot{U}_{GS}(R_L /\!\!/ R_d) = -g_m\dot{U}_{GS}R_L'$$

式中，$R_L' = R_d /\!\!/ R_L$。

$$\dot{U}_i = \dot{U}_{GS}$$

所以

$$A_u = \frac{\dot{U}_o}{\dot{U}_i} = -g_m R'_L \qquad (2.3.1)$$

式中的负号表明共源极放大器输入与输出信号相位相反。

2）输入电阻 R_i

$$R_i = R_g \qquad (2.3.2)$$

3）输出电阻 R_o

$$R_o \approx R_d \qquad (2.3.3)$$

鉴于篇幅限制，本书只分析基本的共源极放大器，有兴趣的读者可以借用三极管放大器的分析方法来分析其它场效应管放大器。

2.4　多级放大电路

由单只三极管和场效应管组成的基本放大电路，其放大倍数通常只能达到几十倍至一百多倍，但在某些实际应用中，有时需要几百倍甚至上千倍的放大倍数，而基本放大电路是无法满足这样的实际需求的。有些场合需要较高的输入电阻、很低的输出电阻和较大的电压放大倍数，显然，任何一个基本放大电路都无法单独地达到这样的要求，解决以上问题的方法是把多个基本组态放大器连接成多级放大电路来完成上述任务，此时就需要采用多级放大电路。图 2.4.1(a)所示为三级放大电路的方框图，图中的每个级都可以是基本组态放大器中的任意一个，例如第一级为共集电极电路，第二、三级为共发射极电路；或者第一、二级为共发射极电路，第三级为共集电极电路等等。图 2.4.1(b)所示是某多级放大电路的实物照片。

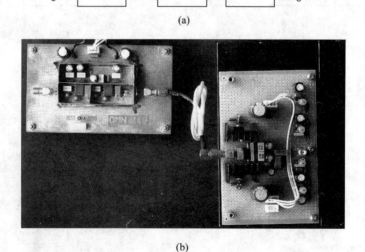

图 2.4.1　多级放大电路
(a) 三级放大电路方框图；(b) 多级放大电路实物照片

2.4.1　多级放大电路的级间耦合方式

在多级放大电路中,前一级的输出电压是后一级的输入电压,如图 2.4.1(a) 中 $\dot{U}_{o1}=\dot{U}_{i2}$。多级放大电路的前级与后级之间、信号源与第一级放大电路之间、最后一级放大电路与负载之间的连接方式均称为耦合方式。常用的耦合方式有三种:直接耦合、电容耦合和变压器耦合。

直接耦合——将前一级放大器的输出与后一级放大器的输入用导线直接连接起来。直接耦合在集成电路内部广泛应用,其优点是放大电路可以用来放大变化很缓慢的信号,缺点是放大电路输出端容易出现电压漂移(即输出端的电压因元件老化或温度变化而发生的缓慢变化)。

电容耦合——前一级的输出与后一级的输入用电容器连接起来。由于电容器具有隔直流通交流的作用,前级输出的交流电压能顺利送往后一级,而直流电压和缓慢变化的电压却被电容器隔断。电容耦合的优点是各级放大器的静态工作点互相独立,电路也不存在漂移,缺点是不能用于放大变化很缓慢的信号。由于集成电路内还无法制作大容量的电容器,故这种耦合多用在分离元件的放大电路中。

变压器耦合——前、后级之间通过变压器连接。由于变压器成本较高又无法集成化,故这种耦合方式多用在一些特殊的场合,例如需要隔离高电压或者负载不能接地等等。

以上三种耦合方式的电路如图 2.4.2 所示。

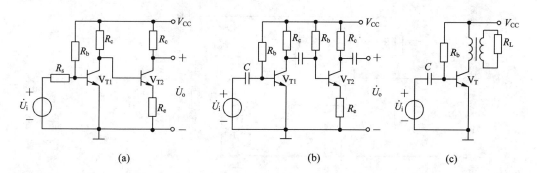

(a)　　　　　　　　　　(b)　　　　　　　　　　(c)

图 2.4.2　多级放大电路的三种耦合形式
(a) 直接耦合;(b) 电容耦合;(c) 变压器耦合

2.4.2　多级放大电路分析

1. 一般分析

三级放大电路方框图如图 2.4.3 所示,电路中的每一级电路都是基本组态放大器,级与级之间采用电容器耦合,前一级的输出电压即为后一级的输入电压。由于电容器隔直流的作用,各级放大器静态工作点互相独立,可以分别计算。下面分析交流指标 A_u、R_i 和 R_o。

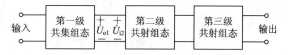

图 2.4.3　三级放大电路的方框图

因为

$$\dot{U}_{o1} = \dot{U}_{i2}, \quad \dot{U}_{o2} = \dot{U}_{i3}$$

而且

$$A_{u1} = \frac{\dot{U}_{o1}}{\dot{U}_i}, \quad A_{u2} = \frac{\dot{U}_{o2}}{\dot{U}_{i2}}, \quad A_{u3} = \frac{\dot{U}_o}{\dot{U}_{i3}}$$

所以

$$A_u = \frac{\dot{U}_o}{\dot{U}_i} = \frac{\dot{U}_{o1}}{\dot{U}_i} \cdot \frac{\dot{U}_{o2}}{\dot{U}_{i2}} \cdot \frac{\dot{U}_o}{\dot{U}_{i3}} = A_{u1} \cdot A_{u2} \cdot A_{u3}$$

结论 1：多级放大电路总的电压放大倍数等于每个单级放大器电压放大倍数的乘积。

在前面我们计算基本放大器时，每个放大器的输出端都接有一个负载电阻 R_L，现在真正的 R_L 接在最后一级放大器的输出端，那么前级放大器计算时就要先把后级的输入电阻计算出来，将这个输入电阻当成负载，再计算前级放大器。例如：计算第一级放大倍数 A_{u1} 时，应先算出第二级的输入电阻 R_{i2}，把 R_{i2} 看成第一级的负载 R_{L1}。

结论 2：整个放大电路的输入电阻就是第一级放大器的输入电阻。

结论 3：整个放大电路的输出电阻就是最后一级放大器的输出电阻。

2. 两级电容器耦合共发射极放大电路分析

两级电容器耦合放大电路如图 2.4.4(a)所示，图中第一级放大器和第二级放大器都是基本的共发射极放大器，该放大电路的交流小信号等效电路如图(b)所示，计算如下。

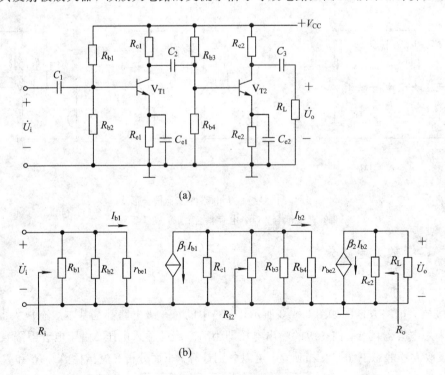

(a)

(b)

图 2.4.4　两级电容器耦合放大电路

(a) 原理电路；(b) 交流小信号等效电路

1）电压放大倍数 A_u

先算出第二级的输入电阻 R_{i2}：

$$R_{i2} = R_{b3} \mathbin{/\!/} R_{b4} \mathbin{/\!/} r_{be2}$$

则

$$A_{u1} = -\frac{\beta_1 (R_{c1} \mathbin{/\!/} R_{i2})}{r_{be1}}$$

第二级放大器可以直接计算，即

$$A_{u2} = -\frac{\beta_2 (R_{c2} \mathbin{/\!/} R_L)}{r_{be2}}$$

总电压放大倍数为

$$A_u = A_{u1} \cdot A_{u2} = \frac{\beta_1 \beta_2 (R_{c1} \mathbin{/\!/} R_{i2})(R_{c2} \mathbin{/\!/} R_L)}{r_{be1} r_{be2}}$$

2）输入电阻 R_i

$$R_i = R_{i1} = R_{b1} \mathbin{/\!/} R_{b2} \mathbin{/\!/} r_{be1}$$

3）输出电阻 R_o

$$R_o = R_{o2} = R_{c2}$$

2.5　放大电路频率特性介绍

放大电路在实际应用中，所要放大的信号通常都不是单一频率的正弦波，多数情况下都是由很多频率正弦波所组成的复杂电压信号。例如将人讲话的声音转变成电信号，这个电信号就包含频率从几百赫兹到几千赫兹的各种正弦波。当放大器放大这样的电信号时，有的放大器就无法做到将电信号中的各种频率正弦波都一视同仁地加以放大。也就是说，放大器将话音电信号中的某些频率正弦波放大，而对另外一些频率正弦波不能有效放大。放大电路的频率特性就是研究一个具体的放大器能够对哪些频率正弦波进行放大的。

因为放大器频率特性的分析涉及到信号分析中的许多数学工具，鉴于篇幅的限制，本节只介绍有关放大电路频率特性的一些基本概念。

2.5.1　振幅频率特性和相位频率特性的概念

放大电路的频率特性通常用曲线来描述，曲线能够直观地反映出放大电路对哪些频率的信号能有效地放大。描述频率特性的曲线分为振幅特性曲线和相位特性曲线。

振幅特性曲线揭示的是放大倍数的大小与所放大信号频率的关系，例如某放大电路输入信号的频率为 1 kHz 时，测得放大倍数为 50。同样这个放大器，当输入信号频率为 100 kHz 时，测得放大倍数为 10。将其画在振幅特性曲线上，即得到两个点，如图 2.5.1(a)所示。

相位特性曲线揭示的是放大电路输入与输出相位差与所放大信号频率的关系，根据前面的学习，我们知道共发射极放大器倒相 180°，也就是说，输入与输出的相位差是 $-180°$，记为 $\varphi = -180°$；共基极放大器和共集电极放大器输入与输出同相，即输入与输出相位差为 0，记为 $\varphi = 0°$。但是，并非对任何频率的信号放大器的输入与输出相位差都是如此，例如某共发射极放大器输入信号频率为 1 kHz 时，测得 $\varphi = -180°$，同样是这个放大器，当输入信号频率为 1 MHz 时，测得 $\varphi \approx -270°$，将其画在相位频率特性曲线上即得到两个点，如图 2.5.1(b)所示。

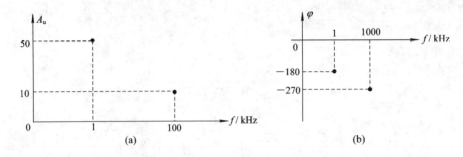

图 2.5.1　放大电路的频率特性

（a）振幅频率特性；（b）相位频率特性

当连续输入各种频率信号给放大电路时，所测的点连成了一条曲线，称为放大器的实测频率特性曲线，如图 2.5.2 所示。图 2.5.2(a)所示为振幅特性曲线，图 2.5.2(b)所示为相位特性曲线。从振幅特性曲线可以看出，该放大器仅仅在 $f = 300$ Hz～4 kHz 范围内放大倍数是近似恒定的，其值约为 50 倍，而低于 300 Hz 和高于 4 kHz 的信号输入放大器时，放大器的放大倍数都达不到 50 倍。从相位特性曲线可以看出，该放大器仅仅在中间一段频率范围内，输入与输出的相位差为 $-180°$，而其它频率信号输入放大器时，相位差都不是 $-180°$。

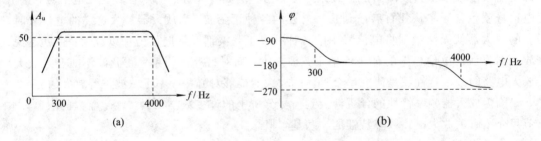

图 2.5.2　某阻容耦合共发射极放大器的频率特性曲线

（a）振幅频率特性曲线；（b）相位频率特性曲线

引起上述现象的原因是放大器中存在有电抗元件（电容、电感），这些电抗元件的阻抗随频率变化，从而引起放大器的放大倍数和输入输出相位差也随频率变化而改变。

2.5.2　描述放大电路频率特性的主要参数

由图 2.5.2(a)可以看出，当信号频率低于 300 Hz 时，放大器的放大倍数下降，称放大器工作在低频区；当信号频率高于 4 kHz 时，放大倍数也下降，称放大器工作在高频区；而中间一段频率范围，放大器的放大倍数最大且基本是不变的，称放大器工作在中频区，其电压放大倍数记为 A_{um}。任何一款阻容耦合放大器都存在低频区、中频区和高频区，由低频区到中频区的分界用下限频率 f_L 表示，f_L 定义为放大倍数下降到中频放大倍数的

$1/\sqrt{2}$ ($0.707A_{um}$)时所对应的频率。同理，由中频区到高频区的分界用上限频率 f_H 表示。从下限频率 f_L 到上限频率 f_H 之间的频率范围就是该放大器能够最有效放大信号的频率范围，称为放大器的通频带，记为 BW，$BW = f_H - f_L$。

下限频率 f_L、上限频率 f_H、通频带 BW 是描述放大器频率特性的三个主要参数，其物理意义如图 2.5.3 所示。

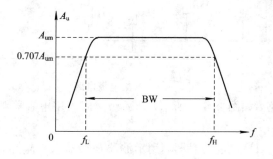

图 2.5.3　频率参数的意义

2.6　基本放大电路的仿真实验

连接单级共射放大电路，如图 2.6.1 所示。

(1) 先估算静态工作点 Q，然后用直流电压表测量 U_{CEQ}，将测量结果与计算结果相比较；

(2) 测量放大电路的放大倍数、输入电阻、输出电阻；

(3) 逐渐增加输入信号的幅度，测量放大电路的最大不失真输出电压；

(4) 将输入信号调至 30 mV 观察非线性失真的波形。

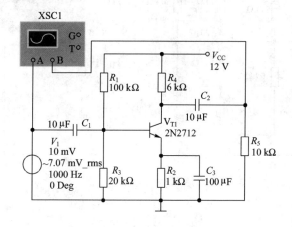

图 2.6.1　单级共射放大电路

连接共集电极电路，如图 2.6.2 所示。

(1) 用示波器观察输入与输出电压的波形，并进行对比；

(2) 增、减输入电压的幅度，观察输出电压跟随输入电压变化的范围。

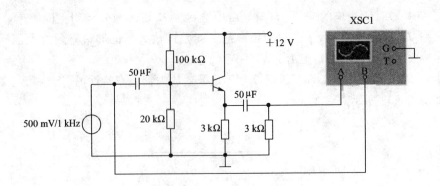

图 2.6.2 共集电极电路

连接两级放大电路，如图 2.6.3 所示。前后级之间采用电容器耦合，做下列仿真实验，并分析。

（1）输入 5 mV/1 kHz 的正弦信号，用示波器观察输入和输出电压波形，并根据示波器显示的电压刻度计算：

$$A_u = \frac{U_o}{U_i}$$

（2）断开 C_2，分别测量第一级和第二级的电压放大倍数 A_{u1}、A_{u2}，并计算

$$A'_u = A_{u1} \cdot A_{u2}$$

分析 A_u 与 A'_u 不相等的原因；

（3）提高输入电压至 30 mV，观察输出端出现了哪种失真，并测试判断失真是由哪一级放大器造成的。

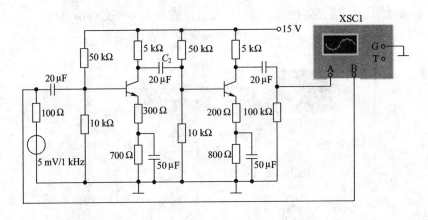

图 2.6.3 两级放大电路

本 章 小 结

（1）放大是电子电路的基本功能。三极管（场效应管）之所以能放大信号，是因为其集电极电流（漏极电流）受到基极电流（栅源电压）的控制。由于这种控制作用，放大电路实现了将直流电源提供的能量转换成交流信号的能量。

（2）处于放大状态的三极管必须保证发射结正向运用、集电结反向运用以及静态工作点的合理设置。而静态工作点的合理设置是由直流偏置电路完成的，分离元件放大器的直流偏置电路主要有固定偏置电路和分压式稳定偏置电路。计算静态工作点及学会测量静态电流 I_{CQ}、静态电压 U_{CEQ} 是本章的重点之一。

（3）静态工作点 Q 设置不当，会引起放大器出现非线性失真。常见的非线性失真有饱和失真和截止失真。

（4）利用交流小信号等效电路计算放大器的主要技术指标是放大电路的基本分析方法之一，其分析方法的要领是：在小信号工作条件下，用三极管低频小信号等效电路（一般只考虑三极管的输入电阻 r_{be} 和电流放大系数 β）代替放大器交流通路中的三极管，得到放大器的交流小信号等效电路，再用线性电路原理来计算放大电路的动态性能指标，即电压放大倍数 A_u、输入电阻 R_i 和输出电阻 R_o 等。等效电路模型只能用于电路的动态分析，不能用来计算静态工作点 Q，但其参数值却与电路的 Q 点相关。

（5）利用交流小信号等效电路计算基本共发射极放大电路和基本共集电极电路是本章的重点之二。

（6）多级放大电路是电子线路中常用的放大电路。低频放大电路常用的耦合方式有直接耦合、电容器耦合和变压器耦合。多级放大电路的分析计算与单级放大电路类似，需要注意的是，整个放大电路的输入电阻就是第一级放大器的输入电阻，整个放大电路的输出电阻就是最后一级放大器的输出电阻，计算前级放大器的电压放大倍数时必须考虑其等效负载（即后级放大器的输入电阻）。

（7）放大电路的频率特性是描述放大电路能够有效地放大信号的频率范围。频率特性分为振幅频率特性和相位频率特性，振幅频率特性描述放大倍数的大小与信号频率的关系，相位频率特性描述输入输出相位差与信号频率的关系。

习　　题

2-1　按要求填写下表。

电路名称	连接方式（e、c、b）			性能比较（大、中、小，相同、相反）			
	公共极	输入极	输出极	$\lvert \dot{A}_u \rvert$	R_i	R_o	输入输出相位
共射电路							
共集电路							
共基电路							

2-2　分别改正题 2-2 图所示各电路中的错误，使它们有可能放大正弦波信号。

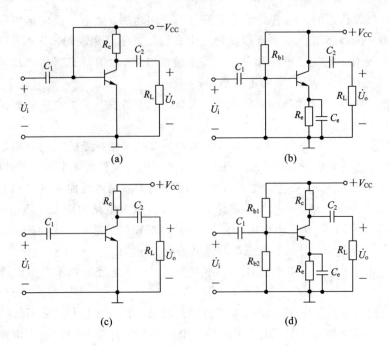

题 2-2 图

2-3　画出题 2-3 图所示各电路的直流通路和交流通路。设所有电容对交流信号均可视为短路。

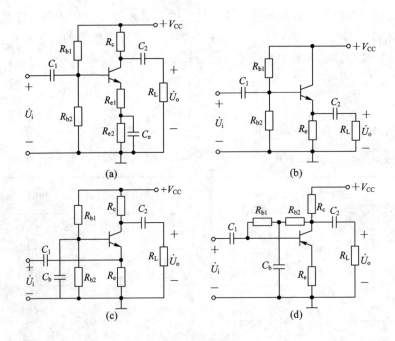

题 2-3 图

2-4　画出由 PNP 型三极管组成的共发射极基本放大电路，并说明各元件的作用。

2-5　基本共发射极放大器如题 2-5 图所示。

（1）试简述电路中各元件的作用；

（2）当三极管 $\beta=50$，估算静态工作点 I_{BQ}、I_{CQ}、U_{CEQ}；

（3）更换一只 $\beta=100$ 的三极管，重新估算 I_{BQ}、I_{CQ}、U_{CEQ}，此时电路能否正常放大？

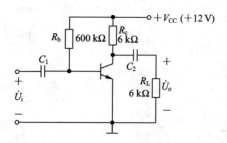

题 2-5 图

2-6　在题 2-6 图所示电路中，已知三极管的 $\beta=80$，$r_{be}=1\ \text{k}\Omega$，$\dot{U}_i=20\ \text{mV}$；静态时 $U_{BEQ}=0.7\ \text{V}$，$U_{CEQ}=4\ \text{V}$，$I_{BQ}=20\ \mu\text{A}$。判断下列结论是否正确，凡对的在括号内打"√"，否则打"×"。

（1）$\dot{A}_u=-\dfrac{4}{20\times10^{-3}}=-200(\quad)$ 　　（2）$\dot{A}_u=-\dfrac{4}{0.7}\approx-5.71(\quad)$

（3）$\dot{A}_u=-\dfrac{80\times5}{1}=-400(\quad)$ 　　（4）$\dot{A}_u=-\dfrac{80\times2.5}{1}=-200(\quad)$

（5）$R_i=\left(\dfrac{20}{20}\right)\text{k}\Omega=1\ \text{k}\Omega(\quad)$ 　　（6）$R_i=\left(\dfrac{0.7}{0.02}\right)\text{k}\Omega=35\ \text{k}\Omega(\quad)$

（7）$R_i\approx3\ \text{k}\Omega(\quad)$ 　　（8）$R_i=1\ \text{k}\Omega(\quad)$

（9）$R_o\approx5\ \text{k}\Omega(\quad)$ 　　（10）$R_o\approx2.5\ \text{k}\Omega(\quad)$

（11）$\dot{U}_s\approx20\ \text{mV}(\quad)$ 　　（12）$\dot{U}_s=60\ \text{mV}(\quad)$

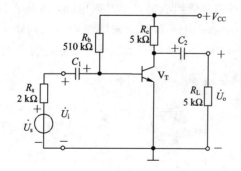

题 2-6 图

2-7　某共发射极放大器直流通路如题 2-7 图所示，设 $V_{CC}=12\ \text{V}$，三极管饱和管压降 $U_{CES}=0.5\ \text{V}$。在下列情况下，用直流电压表测三极管的集电极电位 U_c，应分别为多少？

（1）正常情况；（2）R_{b1} 短路；（3）R_{b1} 开路；（4）R_{b2} 开路；（5）R_c 短路。

2-8　共发射极放大电路如题 2-8 图所示，已知三极管的 $\beta=50$，$r_{bb'}=300\ \Omega$，$V_{CC}=12\ \text{V}$。

（1）画出直流通路并计算静态工作点 $Q(I_{BQ}、I_{CQ}、U_{CEQ})$；

（2）画出交流小信号等效电路，并计算 $\dot{A}_u$、R_i 和 R_o。

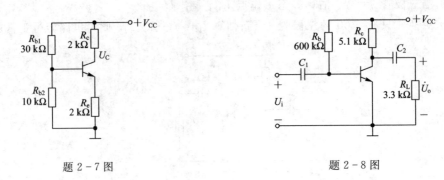

题 2-7 图　　　　　　　　　　题 2-8 图

2-9　电路如题 2-9 图所示，已知三极管的 $\beta=100$，$r_{be}=1\ \text{k}\Omega$。

（1）求电路的 Q 点（I_{BQ}，I_{CQ}，U_{CEQ}）、$\dot{A}_u$、R_i 和 R_o；

（2）若电容 C_e 开路，则将引起电路的哪些技术指标发生变化？如何变化？

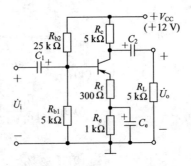

题 2-9 图

2-10　两个由 NPN 型三极管组成的基本共射电路，电路 A 用示波器测得输入与输出电压波形如题 2-10 图(a)所示；电路 B 用示波器测得输入与输出电压波形如题 2-10 图(b)所示，试分别说明电路 A 和 B 产生了什么失真，简述消除失真的方法。

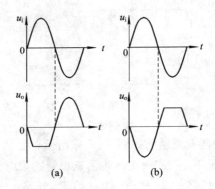

题 2-10 图

2-11　基本共集电极放大电路如题 2-11 图所示，试画出放大器的交流小信号等效电路；写出 $\dot{A}_u$、R_i 和 R_o 的表达式。

2-12　共基极放大电器电路如题 2-12 图所示，试画出该放大器的直流通路、交流通路和交流小信号等效电路；写出 $\dot{A}_u$、R_i 和 R_o 的表达式。

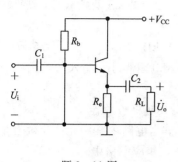
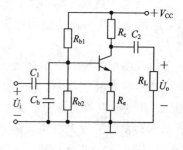

题 2 - 11 图　　　　　　　　　　　　　　题 2 - 12 图

2 - 13　由场效应管组成的共源极放大电路如题 2 - 13 图所示，已知管子 $g_m = 10$ mS，试画出该放大电路的交流小信号等效电路并计算 $\dot{A}_u$、R_i、R_o。

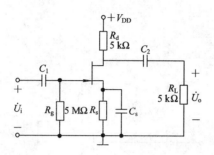

题 2 - 13 图

2 - 14　两级放大电路如题 2 - 14 图所示，已知三极管 $\beta_1 = \beta_2 = 100$，$r_{be1} = r_{be2} = 1$ kΩ。

(1) 简述多级放大器 $\dot{A}_u$、R_i、R_o 的计算方法；

(2) 计算该放大电路的 $\dot{A}_u$、R_i、R_o。

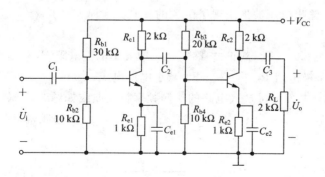

题 2 - 14 图

2 - 15　填空和选择题。

(1) 有两个电压放大倍数相同而输入、输出电阻不同的放大器 A 和 B，对同一个具有内阻的信号源电压进行放大，当负载开路时，测得 A 的输出电压小。这说明 A 的 _____ 。

　　A. 输入电阻大　　　　　　　B. 输入电阻小

　　C. 输出电阻大　　　　　　　D. 输出电阻小

(2) 某放大器的电压放大倍数为 100，换算成对数电压放大倍数为 _____ dB。

（3）某放大器在负载开路时测得输出电压为 4 V，接上 3 kΩ 的负载后，测得输出电压降为 3 V，这说明该放大器的输出电阻为 _____ 。

  A. 10 kΩ   B. 2 kΩ   C. 1 kΩ   D. 0.5 kΩ

（4）通信设备中需要一个电压放大倍数较大、输入电阻很小、输入与输出相位相同的放大器，在基本组态放大器中，应选择 _____ 。

  A. 共发射极放大器 B. 共集电极放大器 C. 共基极放大器

（5）基本共发射极放大电路如题 2-15(5)图所示，当电路中某一元件参数发生变化时 U_{CEQ} 和 A_u 的变化情况（增大、减小、不变），将答案填入相应空格中。

  R_b 增大时，U_{CEQ} 将 _____ 。

  R_c 减小时，U_{CEQ} 将 _____ 。

  R_L 增大时，U_{CEQ} 将 _____ 。

  R_c 增大时，A_u 将 _____ 。

  R_L 减小时，A_u 将 _____ 。

  U_i 减小时，A_u 将 _____ 。

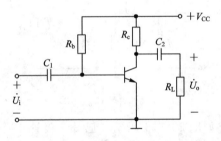

题 2-15(5)图

（6）在一个由 NPN 型三极管组成的基本共发射极放大电路中，当输入电压为 10 mV/1 kHz 时，输出电压波形出现了削顶的失真。这种失真是 _____ ，为了消除失真，应 _____ 。

  A. 饱和失真   B. 截止失真   C. 增大集电极电阻 R_c

  D. 减小基极电阻 R_b E. 减小电源电压

（7）某阻容耦合共发射极放大电路的实测频率特性曲线如题 2-15(7)图所示，该放大电路的下限频率 $f_L=$ _____ ，上限频率 $f_H=$ _____ ，通频带 BW= _____ 。

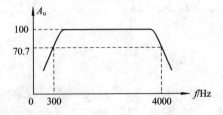

题 2-15(7)图

（8）在一个三级放大电路中，测得第一级电压放大倍数 $A_{u1}=20$，第二级电压放大倍数 $A_{u2}=100$，第三级电压放大倍数 $A_{u3}=5$，则总电压放大倍数 $A_u=$ _____ ，折合对数

电压放大倍数为 _____ dB。

（9）多级放大电路中常用的耦合方式有 _____ 、 _____ 、 _____ ；如果已知第一级放大器的输入电阻为 50 kΩ，最后一级放大器的输出电阻为 1 kΩ，则整个放大电路的输入电阻为 _____ ；整个放大电路的输出电阻为 _____ 。

（10）现在要求组成一个四级放大电路，希望从信号源索取的电流很小，带负载能力强，电压放大倍数在 300 以上。一般情况下，你如何安排这个电路（用方框图表明每一级所用的电路组态）？

第 3 章　集成运算放大器

在半导体器件制造工艺的基础上，将电路中的元器件(双极型三极管、场效应管、二极管和电阻等)制作在一片硅片上，构成具有特定功能的电子线路，称为集成电路。集成电路体积小、性能好。集成电路按组成器件可分为模拟集成电路、数字集成电路和模拟/数字混合集成电路。模拟集成电路种类繁多，按其功能可分为运算放大器、功率放大器、模拟乘法器、模拟锁相环、稳压电源和模拟可编程器件等。与分立元件构成的电路相比，模拟集成电路具有以下特点：

(1) 易于制造相对精度高的器件，可以保证电路中元件的对称性；

(2) 电路中的电阻元件由半导体的体电阻构成；

(3) 在一些场合用有源器件代替无源器件；

(4) 级间采用直接耦合方式。

集成运算放大器(简称运放)是一个直接耦合的高电压放大倍数多级放大电路。它是模拟集成电路中最重要的品种，广泛应用于各种电子电路中。它能够放大直流至一定频率范围的交流电压。早期的运算放大器主要用来完成加、减、微分、积分、对数和指数等数学运算，其名称即由此而来。运放发展至今，已能够实现线性和非线性等多种功能，其应用范围已远远超出数学运算范围，同时运放也是其他一些模拟集成电路的重要组成部分，这使得运放成为实用性很强的基本单元电路。集成运算放大器封装形式很多，常见的如图 3.0.1 所示。

图 3.0.1　集成电路封装形式

3.1　集成运算放大器概述

3.1.1　运算放大器的结构

集成运算放大器是一个高电压放大倍数直接耦合放大电路，它的方框图如图 3.1.1 所示。

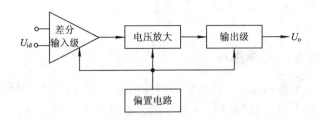

图 3.1.1　运算放大器方框图

（1）输入级要使用高性能的差分放大电路，它必须对共模信号有很强的抑制力，而且采用双端输入、双端输出的形式。

（2）中间放大级要提供较高的电压放大倍数，以保证运放的运算精度。中间级的电路形式多为差分电路和带有源负载的高电压放大倍数放大器。

（3）互补输出级由 PNP 和 NPN 两种极性的三极管或复合管组成，以获得正负双极性的输出电压或电流。具体电路参阅功率放大器。

（4）偏置电流源可提供稳定的几乎不随温度而变化的偏置电流，以稳定工作点。

1. 运算放大器的引线

运算放大器的符号中有三个引线端，两个输入端，一个输出端。一个称为同相输入端，即该端输入信号变化的极性与输出端相同，用符号"＋"或"IN$_+$"表示，该端的电压记为 u_+；另一个称为反相输入端，即该端输入信号变化的极性与输出端相异，用符号"－"或"IN$_-$"表示，该端的电压记为 u_-。输出端一般画在输入端的另一侧，在符号边框内标有"＋"号，该端的电压记为 u_o。实际的集成运算放大器在工作时通常须要有正、负直流电源供电，有的芯片还有补偿端和调零端。

2. 运算放大器的符号和型号

1）集成运算放大器的符号

集成运算放大器的符号如图 3.1.2 所示。

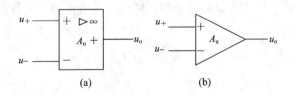

图 3.1.2　模拟集成放大器的符号

（a）国家标准符号；（b）原符号

2）集成运算放大器的命名

集成运算放大器的命名规则如下：

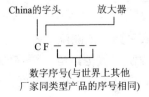

其他类似的器件如：集成功率放大器的型号命名为 CD————，集成稳压器的型号命名为 CW————。

3.1.2 运算放大器的主要指标

运算放大器的技术指标很多，其中部分指标与差分放大器和功率放大器相同，另一部分指标是根据运算放大器本身的特点而设立的。通用型运算放大器的各种参数均比较适中，特种运算放大器的某些技术指标很高。

1. 静态技术指标

运算放大器的静态技术指标包括以下几种。

1）输入失调电压 U_{IO}

一个理想的集成运放，当输入电压为 0 时，输出电压也应为 0（不加调零装置）。但实际上，集成运放的差分输入级很难做到完全对称，通常在输入电压为 0 时，存在一定的输出电压。输入失调电压是指为了使输出电压为 0 而在输入端加的补偿电压。实际上是指输入电压为 0 时，将输出电压除以电压放大倍数，折算到输入端的数值称为输入失调电压，即

$$U_{IO} = \pm \frac{U_O \mid_{U_I = 0}}{A_u}$$

U_{IO} 的大小反应了运放的对称程度和电位配合情况。U_{IO} 越小越好，其量级在 $2 \sim 20$ mV 之间，超低失调和低漂移运放的 U_{IO} 在 $1 \sim 20$ μV 之间。

2）输入失调电流 I_{IO}

当输出电压为 0 时，差分输入级的差分对管基极的静态电流之差称为输入失调电流 I_{IO}，即

$$I_{IO} = \mid I_{B1} - I_{B2} \mid$$

由于信号源内阻的存在，I_{IO} 的变化会引起输入电压的变化，使运放输出电压不为 0。I_{IO} 越小，输入级差分对管的对称程度越好，一般 I_{IO} 约为 1 nA$\sim$0.1 μA。

3）输入偏置电流 I_{IB}

集成运放输出电压为 0 时，运放两个输入端静态偏置电流的平均值定义为输入偏置电流，即

$$I_{IB} = \frac{1}{2}(I_{B1} + I_{B2})$$

从使用角度来看，偏置电流越小越好，由于信号源内阻变化引起的输出电压变化也越小，故输入偏置电流是重要的技术指标。一般 I_{IB} 约为 1 nA$\sim$0.1 μA。

4）输入失调电压温漂 $\Delta U_{IO} / \Delta T$

输入失调电压温漂是指在规定工作温度范围内，输入失调电压随温度的变化量与温度变化量的比值，它是衡量电路温漂的重要指标，不能用外接调零装置的办法来补偿。输入失调电压温漂越小越好。一般的运放的输入失调电压温漂在 $\pm(1 \sim 20)$ μV/℃ 之间。

5）输入失调电流温漂 $\Delta I_{IO} / \Delta T$

在规定工作温度范围内，输入失调电流随温度的变化量与温度变化量之比值称为输入失调电流温漂。输入失调电流温漂是放大电路电流漂移的量度，不能用外接调零装置来补偿。高质量运放的输入失调电流温漂可达几个皮安每度。

6）最大差模输入电压 U_{idmax}

最大差模输入电压 U_{idmax} 是指运放两输入端能承受的最大差模输入电压。超过此电压，运放输入级对管将进入非线性区，而使运放的性能显著恶化，甚至造成损坏。利用平面工艺制成的 NPN 管的 U_{idmax} 约为 $\pm 5\ \mathrm{V}$ 左右，而横向 BJT 的 U_{idmax} 可达 $\pm 30\ \mathrm{V}$ 以上。

7）最大共模输入电压 U_{icmax}

最大共模输入电压 U_{icmax} 是指在保证运放正常工作条件下，运放所能承受的最大共模输入电压。共模电压超过此值时，输入差分对管的工作点进入非线性区，放大器失去共模抑制能力，共模抑制比显著下降。

最大共模输入电压 U_{icmax} 定义为标称电源电压下将运放接成电压跟随器时，使输出电压产生 1% 跟随误差的共模输入电压值；或定义为 K_{CMR} 下降 6 dB 时所加的共模输入电压值。

2. 动态技术指标

运算放大器的动态技术指标包括以下几种。

1）开环差模电压放大倍数 A_{ud}

开环差模电压放大倍数 A_{ud} 是指集成运放工作在线性区、接入规定的负载，输出电压的变化量与运放输入端口处的输入电压的变化量之比。运放的 A_{ud} 在 $60 \sim 120$ dB 之间。不同功能的运放，A_{ud} 相差悬殊。

2）差模输入电阻 r_{id}

差模输入电阻 r_{id} 是指输入差模信号时运放的输入电阻。r_{id} 越大，对信号源的影响越小。运放的 r_{id} 一般都在几十万欧以上。

3）共模抑制比 K_{CMR}

运放共模抑制比 K_{CMR} 的定义与差分放大电路中的定义相同，是差模电压放大倍数与共模电压放大倍数之比，常用分贝数来表示。不同功能的运放，K_{CMR} 也不相同，有的在 $60 \sim 70$ dB 之间，有的高达 180 dB。K_{CMR} 越大，对共模干扰的抑制能力越强。

4）开环带宽 BW

开环带宽又称 -3 dB 带宽，是指运算放大器的差模电压放大倍数 A_{ud} 在高频段下降 3 dB 所对应的频率 f_H。

5）单位电压放大倍数带宽 $\mathrm{BW_G}(f_T)$

单位电压放大倍数带宽 $\mathrm{BW_G}$ 是指信号频率增加，使 A_{ud} 下降到 1 时所对应的频率 f_T，即 A_{ud} 为 0 dB 时的信号频率 f_T。它是集成运放的重要参数。741 型运放的 $f_T = 7$ Hz，是比较低的。

6）转换速率 S_R（压摆率）

转换速率 S_R 是指放大电路在闭环状态下，输入大信号（例如阶跃信号）时，放大电路输出电压对时间的最大变化速率（见图 3.1.3）。它反映了运放对于快速变化的输入信号的响应能力。转换速率 S_R 的表达式为

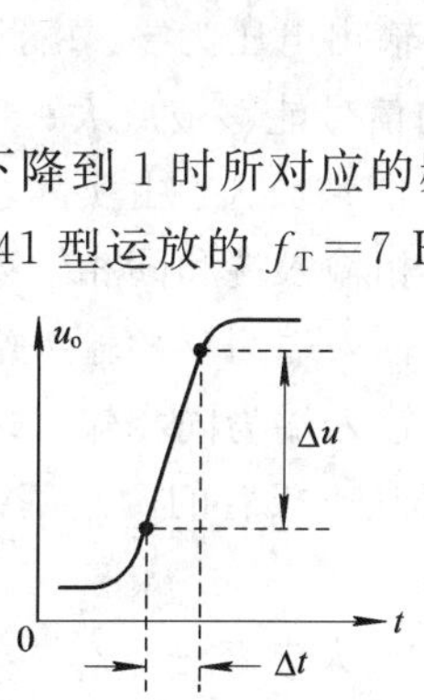

图 3.1.3　输入大信号时放大电路
输出电压与时间的关系

$$S_R = \left| \frac{\mathrm{d}u_o}{\mathrm{d}t} \right|_{\max}$$

转换速率 S_R 是在大信号和高频信号工作时的一项重要指标,目前一般通用型运放压摆率为 $1\sim10$ V/μs。

3.1.3　理想运算放大器

为了分析方便,把运放均视为理想器件,主要条件有:

(1) 开环电压放大倍数 $A_u = \infty$;

(2) $R_i = \infty$,$R_o = 0$;

(3) 开环带宽 BW $= \infty$。

根据理想运放的这些条件,对于工作在线性区的理想运放可以证明两个输入端的电压之差趋于 0,也就是说,两个输入端虚拟短路,简称"虚短",即 $U_+ = U_-$;两个输入端的电流也趋于 0,也就是说,两个输入端虚拟断路,简称"虚断",即 $I_+ = I_- = 0$。

3.2　差分放大电路

3.2.1　概述

差分放大电路(简称差放)就其功能来说,是放大两个输入信号之差。由于它具有优异的抑制零点漂移的特性,因而成为集成运放的主要组成单元。在电子仪器和医用仪器中常用差分放大电路做信号转换电路,将双端输入信号转换为单端输出或将单端输入信号转换为双端输出。

3.2.2　差分放大电路的组成

差分放大电路一般由两只三极管组成,图 3.2.1(a)所示是某电路中的差分放大电路部分,这种电路对不同的信号具有不同的放大能力。下面我们来考察两个测试图,在测试电路 3.2.1(b)中,两个输入信号反相,输出有电压;在测试电路图 3.2.1(c)中,两个输入信号同相,输出电压为零。由此可见,当两个输入电压大小相等方向相反时,输出有电压表明这样的信号能够被放大;当两个输入电压大小相等方向相同时,输出无电压,表明这样的信号不能被放大。由实际连接的电路画出原理电路如图 3.2.1(d)所示,电路中有两个输入端:反相输入端和同相输入端,在输入端 u_{i1} 输入极性为正的信号,输出信号极性与其相反,称该输入端为反相输入端。在输入端 u_{i2} 输入极性为正的信号,而输出信号极性与其相同,称该输入端为同相输入端,极性的判断以图中确定的正方向为准。

信号从三极管的两个基极加入称为双端输入;信号从三极管的一个基极对地加入称为单端输入。

差分放大电路一般有两个输出端:集电极 C_1 和集电极 C_2。从集电极 C_1 和集电极 C_2 之间输出信号称为双端输出,从一个集电极对地输出信号称为单端输出。

差分放大电路有两个输入端和两个输出端,组合起来就有四种连接方式:双端输入双端输出、双端输入单端输出、单端输入双端输出和单端输入单端输出。

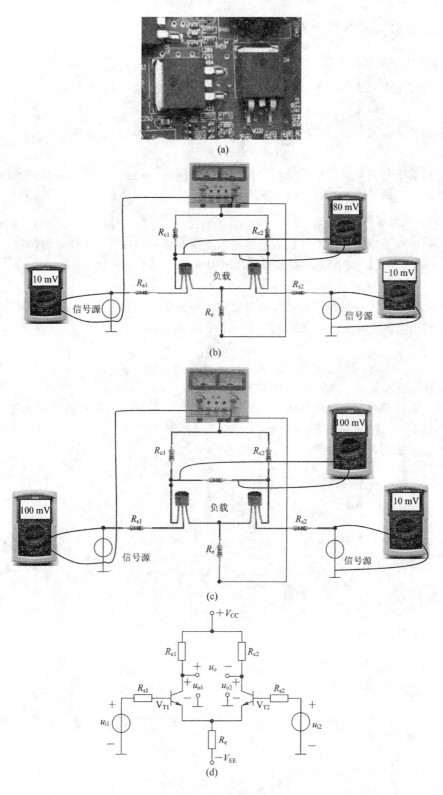

图 3.2.1　差分放大电路

3.2.3 差分放大电路的分析

1. 差模信号和共模信号

差模信号是指大小相等方向相反的一对信号，即 $u_{i1} = -u_{i2}$。定义差模输入电压为 $u_{id} = u_{i1} - u_{i2}$。

共模信号是指大小相等方向相同的一对信号，即 $u_{i1} = u_{i2}$。定义共模输入电压为 $u_{ic} = u_{i1} = u_{i2}$。

差分放大电路对差模信号所呈现的特性称为差模特性；差分放大电路对共模信号所呈现的特性称为共模特性。分别讨论如下。

2. 差模特性分析

所谓差模特性也就是当差分放大电路输入差模信号时的特性，主要讨论的是差模电压放大倍数 A_{ud}，差模输入电阻 R_{id}，差模输出电阻 R_{od}。

1）差模电压放大倍数 A_{ud}

差模电压放大倍数是指差分放大电路对输入差模信号的放大能力，这时的输入电压用 u_{id} 表示，输出电压用 u_{od} 表示，差模电压放大倍数常用 A_{ud}，定义为

$$A_{ud} = \frac{u_{od}}{u_{id}}$$

（1）双端输入双端输出的差模电压放大倍数。

双端输入双端输出的电路如图 3.2.2 所示。u_{i1} 和 u_{i2} 分别从两管的基极和地输入，因为输入为差模信号，故输入电压 $u_{i1} = -u_{i2}$，差模输入电压定义为 $u_{id} = u_{i1} - u_{i2}$，负载电阻 R_L 接在两集电极之间，差模输出电压定义为 $u_{od} = u_o$。

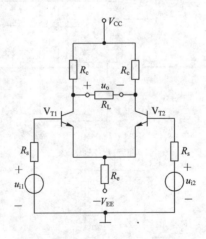

图 3.2.2 双端输入双端输出

此时差模电压放大倍数为

$$A_{ud} = -\frac{\beta\left(R_c \mathbin{/\mkern-5mu/} \dfrac{R_L}{2}\right)}{R_s + r_{be}} \tag{3.2.1}$$

这种方式适用于平衡输入和平衡输出，输入、输出均不接地。

（2）双端输入单端输出的差模电压放大倍数。

双端输入单端输出差分放大电路是指信号电压 u_{i1} 和 u_{i2} 分别从两管的基极和地输入，负载接在其中一个三极管的集电极和地之间，如图 3.2.3 所示，其差模电压放大倍数为

$$A_{ud} = -\frac{1}{2}\frac{\beta(R_c \mathbin{/\mkern-5mu/} R_L)}{R_s + r_{be}} \tag{3.2.2}$$

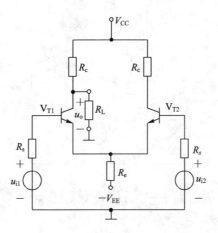

图 3.2.3　双端输入单端输出

双端输入单端输出因为只利用了一个集电极输出的变化量，所以它的差模电压放大倍数约为双端输入双端输出的二分之一。双端输入单端输出适用于将差分信号转换为单端输出信号。

（3）单端输入双端输出的差模电压放大倍数。

当输入信号只有一个，并且从任意一个三极管基极和地之间输入时，称为单端输入。单端输入双端输出电路如图 3.2.4(a) 所示。此时可以将输入电压 u_i 看成 u_{i1} 和 u_{i2} 两个输入信号，如图 3.2.4(b) 所示。其中，$u_{i1} = -u_{i2} = u_i/2$，由前述可知，其差模电压放大倍数为

$$A_{ud} = -\frac{\beta\left(R_c \mathbin{/\mkern-5mu/} \dfrac{R_L}{2}\right)}{R_s + r_{be}}$$

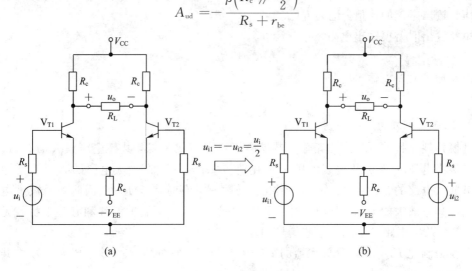

(a)　　　　　　　　　　　　　　　　(b)

图 3.2.4　单端输入双端输出

这种方式可以将单端信号转换成双端差分信号，可用于输出负载不接地的情况。

（4）单端输入单端输出的电压放大倍数。

单端输入单端输出的电路如图 3.2.5 所示。

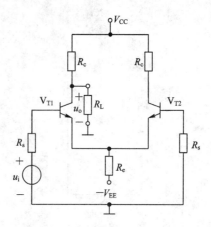

图 3.2.5 单端输入单端输出

其差模电压放大倍数为

$$A_{ud} = -\frac{\beta(R_c /\!/ R_L)}{2(R_s + r_{be})}$$

通过从 V_{T1} 或 V_{T2} 的集电极输出，可以得到输出与输入之间反相或同相的关系。从 V_{T1} 的基极输入信号，从 V_{T1} 的集电极输出为反相；从 V_{T2} 的集电极输出为同相。

2）差模输入电阻

差模输入电阻是差模电压输入时的输入电阻，定义为差模输入电压与输入电流的比值，记为 R_{id}。不论是单端输入还是双端输入，差模输入电阻 R_{id} 均为

$$R_{id} = 2(R_s + r_{be})$$

3）差模输出电阻

差模输出电阻是差模电压输入时的输出电阻，定义为负载开路信号电压短路时差模输出电压与输出电流的比值，记为 R_{od}。

单端输出时差模输出电阻

$$R_{od} = R_c$$

双端输出时差模输出电阻

$$R_{od} = 2R_c$$

3. 共模特性分析

共模特性是指差分放大电路输入共模电压所呈现的特性，共模电压放大倍数 A_{uc} 定义为共模输出电压 u_{oc} 与共模输入电压 u_{ic} 的比值。双端输出差分放大电路的 A_{uc} 为 0，单端输出差分放大电路的 A_{uc} 为几十分之一到几百分之一，有时甚至更小。因此差分放大电路对差模信号具有放大能力，对共模信号具有抑制能力。例如，温度漂移和有些干扰就是共模信号，差分放大电路是不放大这些信号的。

共模抑制比 K_{CMR} 是差分放大器的一个重要指标。它的定义为差模放大倍数与共模放大倍数之比，即

$$K_{CMR} = \left| \frac{A_{ud}}{A_{uc}} \right|$$

或

$$K_{CMR} = 20 \lg \left| \frac{A_{ud}}{A_{uc}} \right| \quad (dB)$$

双端输出时 K_{CMR} 等于无穷大，实际中要求共模抑制比越大越好。

4. 恒流源差分放大电路

为了使差分放大电路更好地抑制零点漂移，具有更高的共模抑制比，可以把发射极电阻 R_e 换成恒流源，原理电路如图 3.2.6 所示。

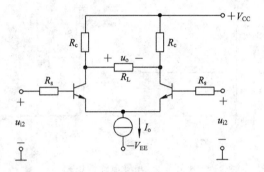

图 3.2.6　恒流源差分放大电路

恒流源差分放大电路的差模放大倍数与基本差分放大电路完全一样，而共模放大倍数则大为减小，共模抑制比 K_{CMR} 提高很多。

3.3　电 流 源 电 路

3.3.1　电流源概述

电流源是一个使输出电流恒定的电源电路，与电压源相对应。

（1）电流源电路在模拟集成放大器中用以稳定静态工作点，这对直接耦合放大器是十分重要的。

（2）用电流源作有源负载，可使放大器获得高的电压放大倍数和大的动态范围特性。

（3）用电流源给电容充电，以获得线性电压输出。

（4）电流源还可单独制成稳流电源使用。

（5）在模拟集成电路中，常用的电流源电路有镜像电流源、精密电流源、微电流源和多路电流源等。

电流源对提高集成运放的性能起着极为重要的作用。一方面它为各级电路提供稳定的直流偏置电流，另一方面可作为有源负载，提高单级放大器的电压放大倍数。下面我们从三极管实现恒流的原理入手，介绍集成运放中常用的电流源电路。

3.3.2　三极管基本电流源

图 3.3.1(a)所示为实际电流源，图 3.3.1(b)画出了三极管基极电流为 I_B 时的一条输出特性曲线。由图可见，当 I_B 一定时，只要三极管不饱和也不击穿，I_C 就基本恒定。因此，固定偏流的晶体管，从集电极看进去相当于一个恒流源，它的动态内阻为 r_{ce}，是一个很大的电阻。为了使 I_C 更加稳定，可以采用分压式偏置电路（即引入电流负反馈），便得到如图 3.3.1(c)所示的单管电流源电路。图 3.3.1(d)为图 3.3.1(c)所示电路等效的电流源表示法。需要指出的是，三极管实现恒流特性是有条件的，即要保证恒流管始终工作在放大状态，否则将失去恒流作用。这一点对所有三极管电流源都适用。

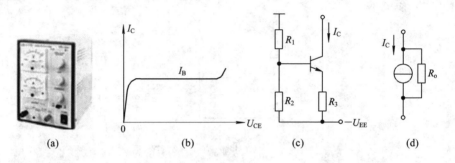

图 3.3.1　单管电流源电路
（a）实际电流源；（b）三极管的恒流特性；（c）恒流源电路；（d）等效电流源表示法

3.3.3　集成电路中的电流源

1. 镜像电流源

镜像电流源电路如图 3.3.2 所示，它的特点是 V_{T1} 和 V_{T2} 是两只对称的三极管，因为三极管 V_{T1}、V_{T2} 匹配，$\beta_1 = \beta_2 = \beta$，$U_{BE1} = U_{BE2} = U_{BE}$，故

$$I_{REF} = I_{C1} + 2I_B = I_{C2} + 2I_B = I_{C2}\left(1 + \frac{2}{\beta}\right)$$

且

$$I_{REF} = \frac{V_{CC} - U_{BE}}{R}$$

当 $\beta \gg 2$ 时，$I_{C2} = I_{REF}$，I_{C2} 和 I_{REF} 是镜像关系。

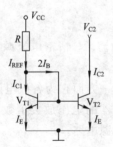

图 3.3.2　镜像电流源

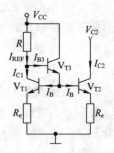

图 3.3.3　精密镜像电流源

2. 精密镜像电流源

精密镜像电流源和普通镜像电流源相比，其精度提高了 β 倍。其电路如图 3.3.3 所示。由于有 V_{T3} 存在，I_{B3} 将比镜像电流源的 $2I_B$ 小 β_3 倍，因此 I_{C2} 和 I_{REF} 更加接近。

3. 多电流源

通过一个基准电流源稳定多个三极管的工作点电流，即可构成多路电流源，其电路如图 3.3.4 所示。图中一个基准电流 I_{REF} 可获得多个恒定电流 I_{C2}，I_{C3}，…。

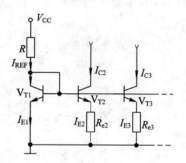

图 3.3.4　多电流源

3.4　运放中的其它单元电路

3.4.1　复合管电路

1. 两只同类型三极管组成的复合管

在实际应用中，有时需要三极管的 β 值要达到几千甚至上万，而一只三极管是不可能有这样高 β 的。为了达到这样的目的，可以将两只以上的三极管连接成一个电路，用这个电路来模仿一只参数特性的三极管，这个电路称为复合管电路。

（1）复合规律：根据 V_{T2} 的集电结反偏电压由 V_{T1} 的集—射电压提供，这一规律确定两管的连接，即 V_{T2} 的 b 极接 V_{T1} 的 e 极；V_{T2} 的 c 极接 V_{T1} 的 c 极，如图 3.4.1(a)所示。

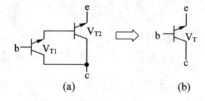

图 3.4.1　同类型管复合

（2）复合管的类型由 V_{T1} 管的类型决定，如图 3.4.1(b)所示。

（3）复合管 b、c、e 极的判断：由 V_{T1} 可定出两个电极，即 V_{T1} 的 b 极就是复合管的 b 极；V_{T1} 的 e 极对应的是复合管的 e 极；剩下的电极是 c 极。

（4）复合管 β、r_{be} 的确定：

$$\beta = \beta_1 + \beta_2 + \beta_1\beta_2 \approx \beta_1\beta_2$$

$$r_{be} = r_{be1} + (1+\beta_1)r_{be2}$$

2. 两只不同类型三极管组成的复合管

（1）复合规律：根据 V_{T2} 的集电结反偏电压由 V_{T1} 的集—射电压提供这一规律确定两管的连接，即 V_{T2} 的 b 极接 V_{T1} 的 c 极；V_{T2} 的 c 极接 V_{T1} 的 e 极，如图 3.4.2(a)所示。

（2）复合管类型的判断：由 V_{T1} 管的类型决定，如图 3.4.2(b)所示。

（3）复合管 b、c、e 极的判断：由 V_{T1} 可定出两个电极，即 V_{T1} 的 b 极就是复合管的 b 极；V_{T1} 的 e 极对应的是复合管的 e 极；剩下的电极是 c 极。

（4）复合管 β、r_{be} 的确定：

$$\beta = \beta_1 + \beta_1\beta_2 \approx \beta_1\beta_2$$

$$r_{be} = r_{be1}$$

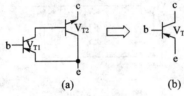

图 3.4.2　异类型管复合

3.4.2　有源负载放大电路

共射极放大器的集电极电阻用恒流源替代时，就构成有源负载放大电路，如图 3.4.3 所示。使用有源负载可以提高电压放大倍数。

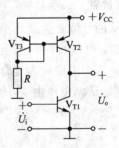

图 3.4.3　有源负载放大电路

V_{T1} 担任放大任务，V_{T2}、V_{T3} 组成镜像电流源。电压放大倍数如下：

$$A_u = -\frac{\beta_1(r_{ce1} \ /\!/ \ r_{ce2})}{r_{be1}}$$

3.5　常用集成运算放大器

按照集成运算放大器的参数来分，常用的集成运算放大器见表3.1。

表 3.1 常用的集成运算放大器

常用集成运算放大器	封 装 管 脚
AD108 通用运算放大器 输入失调电压 700 μV，温度漂移 3 μV/℃，偏置电流 800 nA，转换速率 300 mV/μs，工作电压±22 V。输入电压(模拟)±15 V，共模输入电流±10 mA	
AD201A 通用运算放大器 输入失调电压 700 μV，温度漂移 3 μV/℃，偏置电流 30 nA，转换速率 500 mV/μs，工作电压±22 V。输入电压(模拟)±30 V，共模输入电压±15 V	
LM324 通用运算放大器 共模抑制比 85 dB，电压放大倍数带宽积 1 MHz，转换速率 300 mV/μs，消耗功 率 1.4 W，工作电压±22 V。输入电压(模拟)±30V，共模输入电压±16 V	

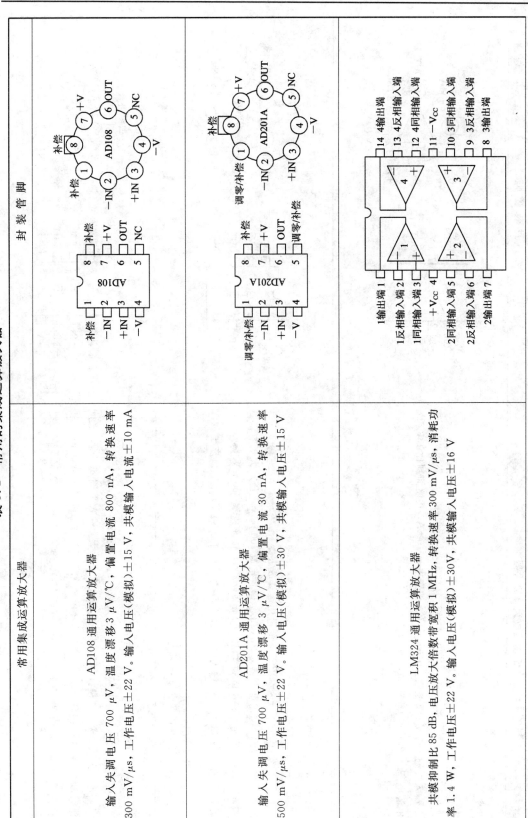

续表

常用集成运算放大器	封装管脚
LT1007 高速运算放大器　输入失调 25 μV，温度漂移0.6 μV/℃，偏置电流 10 nA，共模抑制比 130 dB。电源电压±22 V，功耗90 mW(max)	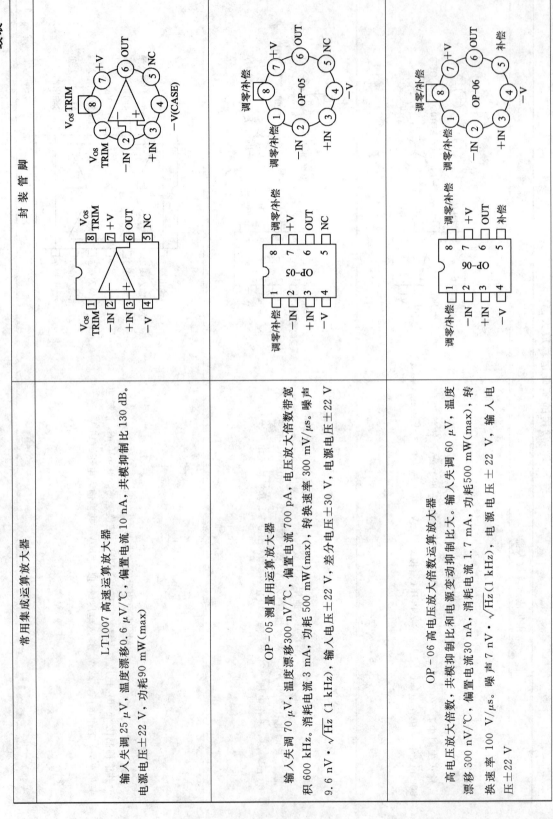
OP-05 测量用运算放大器　输入失调 70 μV，温度漂移300 nV/℃，偏置电流 700 pA，电压放大倍数带宽积 600 kHz。消耗电流 3 mA，功耗 500 mW(max)，转换速率 300 mV/μs。噪声 9.6 nV·√Hz(1 kHz)，输入电压±22 V，差分电压±30 V，电源电压±22 V	
OP-06 高电压放大倍数运算放大器　高电压放大倍数，共模抑制比和电源变动抑制比大。输入失调 60 μV，温度漂移300 nV/℃，偏置电流30 nA，消耗电流 1.7 mA，功耗500 mW(max)，电源电压±22 V，转换速率 100 V/μs。噪声 7 nV·√Hz(1 kHz)，电源电压±22 V，输入电压±22 V	

续表

常用集成运算放大器	封 装 管 脚
AD301A 通用运算放大器 输入失调电压 2 mV，温度漂移 6 μV/℃，偏置电流 70 nA，转换速率 500 mV/μs，消耗功率 1.2 mA，工作电压±18 V，输入电压（模拟）±30 V，共模输入电压±15 V	AD301A（DIP）：1 补偿，2 −IN，3 +IN，4 −V，5 调零/补偿，6 OUT，7 +V，8 补偿 AD301A（圆形）：1 调零/补偿，2 −IN，3 +IN，4 −V，5 NC，6 OUT，7 +V，8 补偿
ICL7600 自动转换调零运算放大器 输入失调 2 μV，温度漂移 5 nV/℃，电压放大倍数带宽积 GBW=1.2 MHz，转换速率 1.8 V/μs。电源电压±9 V，差模电压（+V+0.3）～（−V−0.3）V，DR 端输入电压（+V+0.3）～（−V−8 V）V。功耗 500 mW（陶瓷封装），375 mW（塑料封装），焊接温度 300℃	ICL7600：1 C1，2 C1，3 +IN，4 ADJ ZERO，5 −IN，6 C2，7 C2，8 −V，9 BIAS，10 OUT，11 +V，12 OSC，13 NC，14 DR
LT1001 高精度运算放大器 输入失调 LT1001AM 为 15 μV，LT1001C 为 60 μV，温度漂移 LT1001AM 为 0.6 μV/℃，LT1001C 为 1.0 μV/℃。偏置电流 LT1001AM 为 2 nA，LT1001C 为 4 nA，动态范围 LT1001AM 为 114 dB，LT1001C 为 110 dB。功耗 LT1001AM 为 75 mW（max），LT1001C 为 80 mW（max），噪声 0.3 μV（p−p）。电源电压±22 V	AD201A（DIP）：1 补偿，2 −IN，3 +IN，4 −V，5 调零/补偿，6 OUT，7 +V，8 补偿 AD201A（圆形）：1 调零/补偿，2 −IN，3 +IN，4 −V，5 NC，6 OUT，7 +V，8 补偿

续表

封装管脚	常用集成运算放大器
	ICL7650 低温漂型运算放大器 温度漂移 10 nV/°C，转换速率2.5 V/μs。电源电压±9 V，共模抑制比 130 dB，开环电压放大倍数168 dB
	LF356 高阻型运算放大器 温度漂移 5 μV/°C，转换速率5 V/μs。电源电压22 V，共模抑制比 100 dB，输入阻抗 10^{12} Ω，开环电压放大倍数 168 dB
	LM318 高速型运算放大器 信号带宽 15 MHz，转换速率70 V/μs。电源电压：±20 V，共模抑制比 100 dB，输入阻抗 3 MΩ，功耗 500 mW，开环电压放大倍数 86 dB
	TL061 低功耗型运算放大器 电压放大倍数带宽积 1 MHz，电源电压±18 V，共模抑制比 86 dB，输入阻抗 10^{12} Ω，功耗 6 mW，开环电压放大倍数 76 dB，温度漂移10 μV/°C

3.6 集成运算放大器的仿真实验

1. 差分放大电路

连接电路如图 3.6.1 所示。

（1）观察示波器输出估算放大倍数；

（2）调节信号源从 10 mV 到 100 mV，观察示波器波形变化情况。

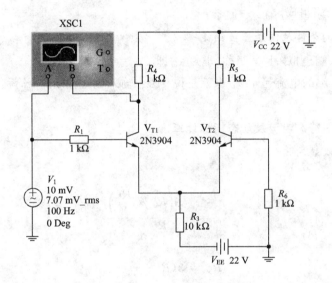

图 3.6.1 差分放大电路

2. 恒流源差分放大电路

连接电路如图 3.6.2 所示。图示电路为一个恒流源差放电路。

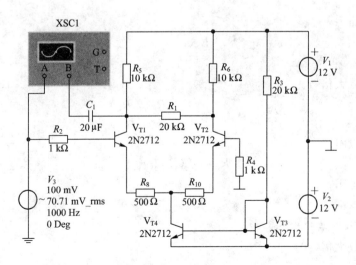

图 3.6.2 恒流源差放电路

（1）计算单端输出时差模电压放大倍数 $A_{ud} = U_o / U_i$；

（2）计算单端输出时共模电压放大倍数 $A_{uc} = U_o / U_i$。

本 章 小 结

1. 集成运算放大器的组成

集成运算放大器是一个高增益直接耦合放大电路，它主要由输入级、中间放大级、互补输出级和偏置电路组成。

2. 理想运放的条件及两条重要结论

（1）两个输入端虚拟短路，简称"虚短"：即 $U_+ = U_-$；

（2）两个输入端的电流趋于 0，也就是说，两个输入端虚拟断路，简称"虚断"：即 $I_+ = I_- = 0$。

3. 差分放大器静态电流及动态指标计算

1）双端输入双端输出

差模电压放大倍数为

$$A_{ud} = -\frac{\beta\left(R_c \mathbin{/\!/} \dfrac{R_L}{2}\right)}{R_s + r_{be}}$$

差模输入电阻

$$R_{id} = 2(R_s + r_{be})$$

差模输出电阻

$$R_{od} = R_c$$

共模电压放大倍数

$$A_{uc} = 0$$

共模抑制比

$$K_{CMR} = \infty$$

2）双端输入单端输出

差模电压放大倍数为

$$A_{ud} = -\frac{1}{2}\frac{\beta(R_c \mathbin{/\!/} R_L)}{R_s + r_{be}}$$

差模输入电阻

$$R_{id} = 2(R_s + r_{be})$$

差模输出电阻

$$R_{od} = R_c$$

3）单端输入双端输出

差模电压放大倍数为

$$A_{ud} = -\frac{\beta\left(R_c \mathbin{/\!/} \dfrac{R_L}{2}\right)}{R_s + r_{be}}$$

4）单端输入单端输出

差模电压放大倍数为

$$A_{ud} = -\frac{1}{2} \frac{\beta(R_c /\!/ R_L)}{R_s + r_{be}}$$

差模输入电阻

$$R_{id} = 2(R_s + r_{be})$$

差模输出电阻

$$R_{od} = R_c$$

共模电压放大倍数

$$A_{uc} = 0$$

共模抑制比

$$K_{CMR} = \infty$$

4. 三极管电流源、镜像电流源输出电流的计算

镜像电流源电路

$$I_{REF} = \frac{V_{CC} - U_{BE}}{R}$$

当 $\beta \gg 2$ 时，$I_{C2} = I_{REF}$，I_{C2} 和 I_{REF} 是镜像关系。

5. 复合管的概念（复合规律、电极判断、等效类型、参数计算）

复合规律：根据 V_{T2} 的集电结反偏电压由 V_{T1} 的集—射电压提供这一规律确定两管的连接。复合后的类型由第一个管子决定，复合后管子的 β 值约为两管 β 值的乘积。

习　　题

3-1　填空题。

（1）集成运算放大器是一个高增益_____放大电路。

（2）集成运算放大器主要由_____、_____、_____和偏置电路组成。

（3）理想运放的条件及两条重要结论是_____、_____。

（4）复合后的类型由_____管子决定，复合后管子的 β 值约为两管值的_____。

（5）差分放大电路是为了_____而设置的，它主要通过_____来实现。

（6）长尾式差分电路中，R_e 的主要作用是_____。

3-2　在题 3-2 图所示的差分放大电路中，已知 $R_{c1} = R_{c2} = 10$ kΩ，$R_L = \infty$，$R_s = 1$ kΩ，$r_{be} = 1$ kΩ，$\beta = 50$，试计算：

（1）差模放大倍数 A_{ud}；

（2）共模放大倍数 A_{uc}；

（3）共模抑制比 K_{CMR}。

3-3　在题 3-3 图所示的差分放大电路中，$R_c = 5.1$ kΩ，$R_b = 10$ kΩ，$R_e = 5.1$ kΩ，$r_{be} = 1$ kΩ，$\beta = 60$。试计算：

（1）差模放大倍数 A_{ud}；

(2) 共模放大倍数 A_{uc}；

(3) 共模抑制比 K_{CMR}。

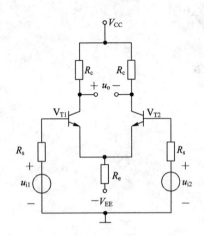

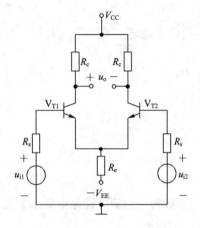

题 3 - 2 图　　　　　　　　　　　　　题 3 - 3 图

3-4　题 3-4 图所示的是双端输入—单端输出差分放大电路，已知 $R_{c1}=R_{c2}=10\ \text{k}\Omega$，$R_L=10\ \text{k}\Omega$，$R_s=1\ \text{k}\Omega$，$r_{be}=1\ \text{k}\Omega$，$\beta=50$，试计算差模电压放大倍数。

3-5　某差分放大电路如题 3-5 图所示，设对管的 $\beta=50$，$r_{be'}=1.5\ \text{k}\Omega$，$R_s=0.5\ \text{k}\Omega$，试估算差模电压放大倍数 A_{ud}。

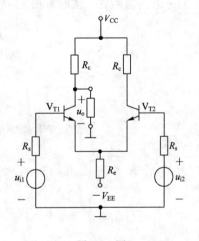

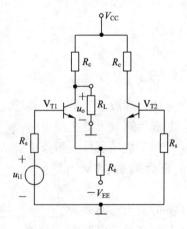

题 3 - 4 图　　　　　　　　　　　　　题 3 - 5 图

3-6　某差分放大电路如题 3-6 图所示，设对管的 $\beta=50$，$r_{be'}=1.5\ \text{k}\Omega$，$R_s=0.5\ \text{k}\Omega$，$R_{c1}=R_{c2}=6\ \text{k}\Omega$，$R_L=12\ \text{k}\Omega$，试估算：

(1) 差模电压放大倍数 A_{ud}；

(2) 共模放大倍数 A_{uc}；

(3) 共模抑制比 K_{CMR}。

3-7　某差分放大电路如题 3-7 图所示，设 $R_{c1}=R_{c2}=5\ \text{k}\Omega$，$\beta=50$，$r_{be'}=1.5\ \text{k}\Omega$，$R_L=10\ \text{k}\Omega$，$R_s=0.5\ \text{k}\Omega$，试估算：

（1）差模电压放大倍数 A_{ud}；

（2）共模放大倍数 A_{uc}；

（3）共模抑制比 K_{CMR}。

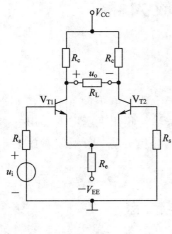

题 3 - 6 图

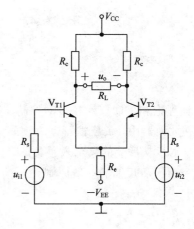

题 3 - 7 图

第 4 章　负反馈放大器

反馈理论和反馈技术在自动控制、信号处理、电子电路及电子设备中起着十分重要的作用。在放大器中，负反馈可以改善放大器的工作性能。因此几乎所有的实用电路都带有负反馈。本章从反馈的概念入手，介绍负反馈放大器的分析方法、负反馈对放大器性能的改善以及引入负反馈的一般原则。

4.1　反馈的基本概念

4.1.1　反馈的定义

所谓反馈，就是将放大器输出信号 $\dot{X}_{\mathrm{o}}$（电压或电流）的一部分（或全部）通过一定的电路形式（反馈电路）送回到放大器的输入端与原输入信号 $\dot{X}_{\mathrm{i}}$ 合在一起，重新送入放大器输入端的过程。这个被送回到放大器输入端的信号就是反馈信号 $\dot{X}_{\mathrm{f}}$。当在放大器中引入反馈后，放大器的输入回路中同时存在有反馈信号 $\dot{X}_{\mathrm{f}}$ 和输入信号 $\dot{X}_{\mathrm{i}}$，这两个信号经叠加（相加或相减）后再送入放大器中，这时放大器的实际输入信号 $\dot{X}_{\mathrm{d}}$（通常被称为净输入信号）发生了改变，从而使放大器的某些性能获得有效的改善。

一般将反馈放大器用如图 4.1.1 所示的框图表示，其信号传输方向如图中箭头所示。图中基本放大器与反馈电路组成了一个封闭的系统，这样的系统称为闭环系统。而未引入反馈的电路称为开环放大器，也称基本放大器，表示为 A，反馈电路则用 F 表示。由此可见，反馈放大器是由基本放大器 A 和反馈电路 F 两部分组成的。

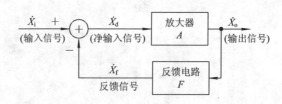

图 4.1.1　反馈放大器基本框图

可以看到，反馈电路跨接在放大器的输入端和输出端之间，若要在电路中识别出反馈电路，首先就要找到跨接在输入端和输出端之间的电路，构成这一电路的元器件很可能构成了反馈电路。构成反馈电路的元器件可以是电阻器，可以是电容器，也可以是阻容电路或其他电路。

当反馈信号与输入信号叠加后使得 $\dot{X}_d < \dot{X}_i$ 时，说明反馈信号相位和输入信号相位相反，即 $\dot{X}_d = \dot{X}_i - \dot{X}_f$，此时由于净输入信号 $\dot{X}_d$（即反馈信号 $\dot{X}_f$ 和输入信号 $\dot{X}_i$ 叠加后的信号）的减小，使得放大器的输出信号减小，则放大器的放大倍数下降，定义这种情况为负反馈，该放大器称为负反馈放大器；反之，对于 $\dot{X}_d > \dot{X}_i$ 的情况，即 $\dot{X}_d = \dot{X}_f + \dot{X}_i$，则定义为正反馈。在放大电路中要尽量避免出现正反馈。

下面介绍反馈放大器的基本方程。

在未接入反馈网络之前，正向传输的放大器放大倍数为 A：

$$A = \frac{\dot{X}_o}{\dot{X}_d} \tag{4.1.1}$$

由于这种单向传输的放大器没有反馈电路，即没有形成闭合环路，因而称为开环状态，A 称为开环放大倍数。

接入反馈电路后，将反馈信号量与输出信号量之比称为反馈系数，用 F 表示：

$$F = \frac{\dot{X}_f}{\dot{X}_o} \tag{4.1.2}$$

F 表示反馈信号 $\dot{X}_f$ 占输出信号 $\dot{X}_o$ 的比例。

由图 4.1.1 可知，引入负反馈后，放大器的输入信号变为

$$\dot{X}_d = \dot{X}_i - \dot{X}_f$$

（"+"为正反馈；"−"为负反馈）此时，整个放大电路的输出信号 $\dot{X}_o$ 与输入信号 $\dot{X}_i$ 之比称为闭环放大倍数，用 A_f 表示，即

$$A_f = \frac{\dot{X}_o}{\dot{X}_i} = \frac{\dot{X}_o}{\dot{X}_d + \dot{X}_f} = \frac{\dot{X}_o}{\dot{X}_d + F\dot{X}_o} = \frac{\dot{X}_o/\dot{X}_d}{1 + F \cdot \dot{X}_o/\dot{X}_d} = \frac{A}{1 + AF} \tag{4.1.3}$$

式（4.1.3）称为负反馈放大器的基本方程。

由式（4.1.3）可以看出，引入负反馈后，闭环放大倍数 A_f 是开环放大倍数 A 的 $1/|1+AF|$ 倍。$|1+AF|$ 越大，A_f 比 A 小得越多，负反馈的程度就越深，所以 $|1+AF|$ 是衡量反馈程度的重要指标，称为反馈深度。

当满足 $|1+AF| \gg 1$ 时，意味着 $\dot{X}_d \ll \dot{X}_i$，此时反馈信号 $\dot{X}_f = \dot{X}_i - \dot{X}_d \approx \dot{X}_i$，可以认为反馈深度足够大。$|1+AF| \gg 1$ 或 $AF \gg 1$ 称为深度负反馈。这时，式（4.1.3）可简化为

$$A_f = \frac{A}{1 + AF} \approx \frac{1}{F} \tag{4.1.4}$$

这是一个重要的关系式。它表明，深度负反馈条件下，闭环放大倍数主要取决于反馈系数。

4.1.2　负反馈放大器的分类与判断

反馈放大器的特征是存在反馈电路。反馈电路连接着放大器的输出端与输入端。因此，寻找电路中是否存在连接放大器输出端与输入端的电路就是判断反馈存在与否的依据。如果存在这样一个电路就是有反馈，否则无反馈。如图 4.1.2 所示，一个两级级联的共射—共射放大器。观察该电路，发现 R_f 将输出端信号引入到第一级放大电路的发射极，

则 R_{e1} 和 R_f 构成两级间反馈电路，所以该放大器存在反馈。

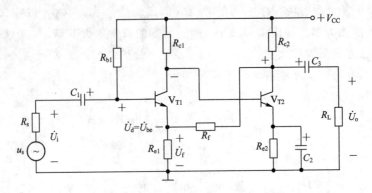

图 4.1.2　是否存在反馈的判别（串联电压负反馈）

1. 按反馈极性分类

判别一个反馈的极性可以采用瞬时极性法来判别。即利用电路中各点交流电位的瞬时极性来判别，步骤如下：

首先假定输入信号的瞬时极性为正（以地电位为参考点），然后根据各级电路输入与输出电压相位极性的关系，分别标出由输入极性所引起的各处电位的升高（用"＋"表示）和降低（用"－"表示）。若反馈信号最终经由反馈电路送回到输入端，使输入信号削弱，即净输入信号减小，则为负反馈，反之为正反馈。

如图 4.1.2 所示的串联电压负反馈放大器，其中 R_f 和 R_{e1} 构成反馈电路。设信号 $\dot{U}_i$ 的瞬时极性为"＋"，则三极管 V_{T1} 集电极瞬时极性为"－"，三极管 V_{T2} 集电极瞬时极性为"＋"，反馈信号经 R_f 反向送回到输入回路。此时 $\dot{U}_f$ 的方向上正下负，在输入回路中 $\dot{U}_i = \dot{U}_d + \dot{U}_f$。这样净输入信号 $\dot{U}_d = \dot{U}_i - \dot{U}_f$，$\dot{U}_d < \dot{U}_i$，所以是负反馈。

2. 按交、直流反馈分类

在放大电路中，若反馈信号是交流信号，则称为交流反馈，它影响电路的交流性能。本章仅讨论交流反馈。

直流反馈主要用于稳定放大器的静态工作点。典型例子就是在第 2 章中介绍过的分压式偏置电路。

若反馈信号中既有交流信号又有直流电压或电流，则反馈信号对电路的交流性能和静态工作点的稳定都有影响，称为交直流混合反馈。

3. 按连接方式分类

根据反馈电路与基本放大器输出、输入端连接方式的不同，反馈电路可以归纳为四种结构：串联电压反馈、串联电流反馈、并联电压反馈、并联电流反馈。

1）电压反馈与电流反馈

按与基本放大器输出端连接方式不同，反馈电路分为电压反馈和电流反馈两种类型。对于电压反馈，反馈信号仅与输出电压有关。相反的，对于电流反馈，反馈信号仅与输出电流有关。

如图 4.1.3 所示，反馈电路与基本放大器输出端并联，反馈信号直接取自于基本放大器输出电压，且与输出电压成正比。若令 $\dot{U}_\text{o}=0$，则反馈信号 $\dot{X}_\text{f}$ 立即为 0，将这种反馈称为电压反馈。

从结构上看，引入电压反馈的反馈支路与负载 R_L 相连，即输出回路中的反馈支路与输出端口的非公共端接在三极管的同一电极。

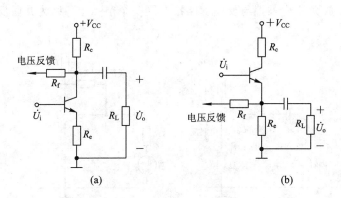

图 4.1.3　电压反馈的判断

如图 4.1.4 所示，反馈电路与基本放大器输出端呈串联连接关系，反馈信号取自于基本放大器的输出电流，且与输出电流成正比。若令 $\dot{U}_\text{o}=0$，因为 $\dot{I}_\text{o}\neq0$，所以反馈信号 $\dot{X}_\text{f}$ 也不为 0，将这种反馈称为电流反馈。

从结构上看，引入电流反馈的反馈支路与基本放大器输出端没有接在一起。

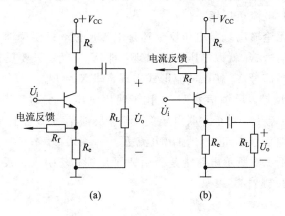

图 4.1.4　电流反馈的判断

2）串联反馈与并联反馈

按与基本放大器输入端连接方式不同，反馈电路分为串联反馈和并联反馈两种类型。对于串联反馈，反馈以电压形式出现；相反的，对于并联反馈，反馈以电流形式出现。

图 4.1.5 所示为两种不同反馈类型放大器输入回路部分的电路。

如图 4.1.5(a) 所示，输入信号 $\dot{X}_\text{i}$ 接到基极，反馈信号 $\dot{X}_\text{f}$ 接在发射极，它们没有接在同一个节点上，输入信号 $\dot{X}_\text{i}$、反馈信号 $\dot{X}_\text{f}$ 和净输入信号 $\dot{X}_\text{d}$ 三者之间串联。反馈信号 $\dot{X}_\text{f}$ 在反馈放大器的输入端以电压 $\dot{U}_\text{f}$ 的形式出现，即输入信号为 $\dot{U}_\text{i}$，反馈信号为 $\dot{U}_\text{f}$，净输入信号为 $\dot{U}_\text{d}$，对负反馈，则有 $\dot{U}_\text{d}=\dot{U}_\text{be}=\dot{U}_\text{i}-\dot{U}_\text{f}$。

从结构上看，放大器输入端与反馈支路没有接在同一个节点上，称为串联反馈。

如图 4.1.5(b)所示，输入信号 $\dot{X}_i$ 和反馈信号 $\dot{X}_f$ 同时接在基极上，输入信号 $\dot{X}_i$、反馈信号 $\dot{X}_f$ 和净输入信号 $\dot{X}_d$ 三者之间并联。反馈信号 $\dot{X}_f$ 以电流 $\dot{I}_f$ 的形式出现，即输入信号为 $\dot{I}_i$，反馈信号为 $\dot{I}_f$，净输入信号为 $\dot{I}_d$，对负反馈，则有 $\dot{I}_d = \dot{I}_i - \dot{I}_f$。

从结构上看，放大器输入端与反馈支路接在同一个节点上，称为并联反馈。

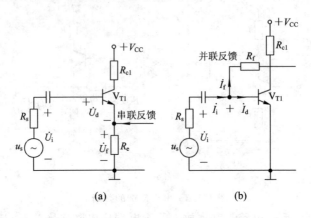

图 4.1.5 串联、并联反馈的判断
（a）串联反馈；（b）并联反馈

通过以上的分析，可得出如下的结论：根据反馈电路与基本放大器的输出端、输入端的连接方式的不同，负反馈电路可归纳为四种组态：串联电压负反馈、串联电流负反馈、并联电压负反馈、并联电流负反馈。

需要注意的是，无论输出端是电压反馈还是电流反馈，只要反馈电路在放大器的输入端是串联连接，反馈信号 $\dot{X}_f$ 就以电压形式出现，即 $\dot{X}_f = \dot{U}_f$；只要反馈电路在放大器的输入端是并联连接，反馈信号 $\dot{X}_f$ 就以电流形式出现，即 $\dot{X}_f = \dot{I}_f$。

对于串联电压负反馈，反馈信号 $\dot{U}_f$ 正比于输出电压 $\dot{U}_o$；对于串联电流负反馈，反馈信号 $\dot{U}_f$ 正比于输出电流 $\dot{I}_o$；对于并联电压负反馈，反馈信号 $\dot{I}_f$ 正比于输出电压 $\dot{U}_o$；对于并联电流负反馈，反馈信号 $\dot{I}_f$ 正比于输出电流 $\dot{I}_o$。

例 4.1 判断图 4.1.6 所示电路中是否引入了反馈；若引入了反馈，是何种类型的反馈？是正反馈还是负反馈？

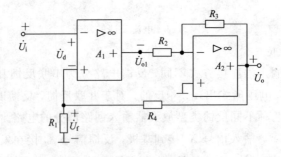

图 4.1.6 例 4.1 电路图

解 观察图 4.1.6 所示电路，反馈支路有 R_3 构成的本级反馈和 R_4 构成的越级反馈。

根据连接方式可知 R_3 构成了电压并联反馈；R_4 构成了电压串联反馈。

采用瞬时极性法判断越级反馈的极性。设输入电压 $\dot{U}_i$ 对地极性为"＋"，则集成运放 A_1 的输出端 $\dot{U}_{o1}$ 的极性为"－"，集成运放 A_2 的输入极性为"－"，故输出电压 $\dot{U}_o$ 的极性为"＋"；该电路的反馈网络由 R_4 和 R_1 组成，经 R_4 和 R_1 的分压，在 R_1 上产生上正下负的反馈电压 $\dot{U}_f$；由于 $\dot{U}_f$ 使 A_1 的净输入电压 $\dot{U}_d$ 减小，因此该电路引入了负反馈。

对于本级反馈请读者自己解答。

4.2　负反馈对放大器性能指标的影响

4.2.1　负反馈对放大器性能的影响

1. 负反馈降低了放大倍数

在放大电路引入负反馈之前，其开环电压放大倍数为 A；而引入负反馈之后，电路呈闭环状态，放大倍数为 $A_f = A/(1+AF)$。可见，引入负反馈后，放大倍数降低至 $1/|1+AF|$。

2. 负反馈使放大倍数稳定度提高

负反馈稳定放大器增益的原理是因为负反馈有自动调节作用。工作环境发生变化（如温度等）、元件更换或老化、电源电压波动等均会导致放大器的放大倍数不稳定。引入负反馈后，输出信号的变化经反馈电路送回到基本放大器的输入回路，在输入回路进行叠加使得净输入信号与输出信号的变化趋势相反，其结果使输出信号自动保持稳定。当输入信号保持不变时，若基本放大器的放大倍数 A 下降，则有如下调整过程：

$$A \downarrow \longrightarrow \dot{X}_o \downarrow \xrightarrow{\text{取样}} \dot{X}_f(=F\dot{X}_o) \downarrow \xrightarrow{\text{负反馈}} \dot{X}_d(=\dot{X}_i - \dot{X}_f) \uparrow$$
$$\dot{X}_o \uparrow \longleftarrow$$

可见 $\dot{X}_o$ 可以保持稳定，则闭环增益 $A_f = \dot{X}_o/\dot{X}_i$ 也将保持稳定。引入负反馈使放大倍数的相对变化减小为原相对变化的 $1/(1+AF)$，说明反馈越强，稳定性越好。

需要指出的是，由负反馈所稳定的参数与反馈类型有关。如果是电压反馈，则输出电压将被稳定；反之，如果是电流反馈，则输出电流将被稳定。

3. 负反馈改善非线性失真

负反馈可以改善放大器的非线性失真，其改善过程如图 4.2.1 所示。

加入反馈前如图 4.2.1(a) 所示，基本放大器出现非线性失真，输出电压 u_o' 是正半周小、负半周大的波形。

引入反馈后如图 4.2.1(b) 所示，由于出现非线性失真将产生如图 u_o' 的失真输出电压，其波形正半周小、负半周大。反馈电路如实地将输出端电压反送回输入端，即反馈电压 u_f 与 u_o' 的形状相同，波形正半周小、负半周大。因为是负反馈，所以输入电压 u_i 将与反馈电压 u_f 相减，即 $u_d = u_i - u_f$，相减后，使得净输入电压 u_d 的波形变为正半周略大，负半周小，称之为预失真。这样再经过失真的放大输出，输出电压 u_o 与原输出电压 u_o' 相比失真情况得到改善。

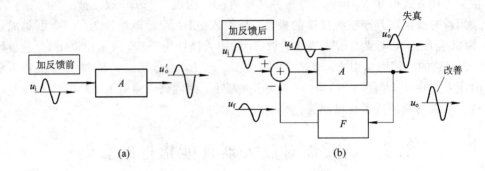

图 4.2.1　负反馈改善非线性失真示意图

（a）没有引入反馈时的失真情况；（b）引入反馈后波形改善情况

4. 负反馈展宽了通频带

如图 4.2.2 所示，A_m 是开环放大器的放大倍数，其中 f_L 称为下限频率，f_H 称为上限频率，通频带 $BW = f_H - f_L$。引入负反馈后，闭环放大倍数为 A_{mf}，从图中可以看出，上限频率提高为 f_{Hf}，下限频率降低为 f_{Lf}。

放大器中引入负反馈，对反馈环路内任何原因引起的增益变动都能减小，所以对频率升高或降低而引起的放大倍数的下降也将得到改善，频率响应将变得平坦，失真将减小。

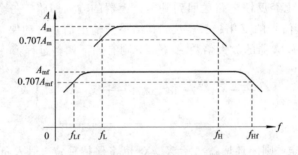

图 4.2.2　负反馈展宽通频带示意图

4.2.2　负反馈对输入、输出电阻的影响

放大器引入负反馈后会对其输入、输出电阻产生影响。无论在输入端还是在输出端，只要根据反馈电路与基本放大器的连接方式就可以判定其输入和输出电阻是增大还是减小。

1. 串联反馈将增大输入阻抗

设原输入信号不变，引入串联负反馈后，反馈信号与原输入信号以电压形式串联，使净输入电压小于原输入电压，导致输入电流下降。此时，原输入电压不变而输入电流减小，相当于引入负反馈后放大电路输入电阻增大，减小了信号源的负担。

2. 并联反馈将减小输入阻抗

引入并联负反馈后，反馈信号和输入信号接在同一节点上，反馈信号以电流形式出现，反馈电路对原输入电路起着分流作用。而此时原输入电压不变，电路将要求信号源增大总电流。这样由于原输入电压不变，而输入电流增加，相当于输入电阻减小，放大电路将向信号源索取更大的电流。

3. 电压反馈将减小输出阻抗，增强放大电路带负载能力

电压反馈能稳定输出电压，即输出端负载改变时，能保持输出电压基本不变，使放大器等效于恒压源，相当于输出电阻降低。

4. 电流反馈将增大输出阻抗

电流反馈能稳定输出电流，即输出端负载改变时，能保持输出电流的影响很小，使放大器等效于恒流源，相当于输出电阻增大。

综上所述，在实际应用中应综合考虑选用合适的反馈类型。

4.3　负反馈放大器的分析计算

4.3.1　深度负反馈放大器的分析

当满足深负反馈条件 $|1+AF| \gg 1$ 时，即当电路引入的反馈信号很大时，

$$A_f = \frac{A}{1+AF} \approx \frac{A}{AF} = \frac{1}{F} \tag{4.3.1}$$

由式(4.3.1)可得：

(1) 深度负反馈的闭环增益 A_f 只由反馈系数 F 来决定，而与开环增益几乎无关；

(2) 加入的输入信号近似等于反馈信号，即

$$A_f = \frac{\dot{X}_o}{\dot{X}_i} \approx \frac{\dot{X}_o}{\dot{X}_f} \quad \Rightarrow \quad \dot{X}_i \approx \dot{X}_f \tag{4.3.2}$$

上式说明，在深度负反馈下，由于 $X_i \approx X_f$，净输入信号很小。

通过前面的学习，我们知道共有四种不同的反馈类型，而且这四种反馈类型在输出端和输入端的信号既有电压信号又有电流信号，因此计算中的 A、A_f 和 F 分别有以下四种表达形式。

1. 串联电压负反馈

因为是串联反馈，输入端的信号以电压形式出现，即 $\dot{U}_i$、$\dot{U}_f$、$\dot{U}_d$，又因为电压反馈的反馈信号 $\dot{U}_f$ 正比于输出电压，即 $\dot{U}_f \propto \dot{U}_o$，故串联电压负反馈的增益和反馈系数的定义为

$$A_u = \frac{\dot{U}_o}{\dot{U}_d}, \quad F_u = \frac{\dot{U}_f}{\dot{U}_o}$$

闭环电压增益

$$A_f = \frac{\dot{X}_o}{\dot{X}_i} = A_{uf} = \frac{\dot{U}_o}{\dot{U}_i} \approx \frac{\dot{U}_o}{\dot{U}_f} = \frac{1}{F_u} \tag{4.3.3}$$

2. 串联电流负反馈

串联反馈信号以电压形式出现，即 $\dot{U}_i$、$\dot{U}_f$、$\dot{U}_d$，又因为电流反馈的反馈信号 $\dot{U}_f$ 正比于输出电流，即 $\dot{U}_f \propto \dot{I}_o$，故串联电流负反馈的增益和反馈系数的定义为

$$A_g = \frac{\dot{I}_o}{\dot{U}_d}, \quad F_r = \frac{\dot{U}_f}{\dot{I}_o}$$

闭环互导增益

$$A_f = \frac{\dot{X}_o}{\dot{X}_i} = A_{gf} = \frac{\dot{I}_o}{\dot{U}_i} \approx \frac{\dot{I}_o}{\dot{U}_f} = \frac{1}{F_r} \tag{4.3.4}$$

3. 并联电压负反馈

并联反馈输入端的信号以电流形式出现，即 $\dot{I}_i$、$\dot{I}_f$、$\dot{I}_d$，又因为电压反馈的反馈信号 $\dot{I}_f$ 正比于输出电压，即 $\dot{I}_f \propto \dot{U}_o$，故并联电压负反馈的增益和反馈系数的定义为

$$A_r = \frac{\dot{U}_o}{\dot{I}_d}, \quad F_g = \frac{\dot{I}_f}{\dot{U}_o}$$

闭环互阻增益

$$A_f = \frac{\dot{X}_o}{\dot{X}_i} = A_{rf} = \frac{\dot{U}_o}{\dot{I}_i} \approx \frac{\dot{U}_o}{\dot{I}_f} = \frac{1}{F_g} \tag{4.3.5}$$

应当指出，对于并联负反馈电路，信号源内阻 R_s 是必不可少的。若 $R_s = 0$，则恒压源将直接加在基本放大器的输入端，使净输入电流仅取决于恒压源的电压值及基本放大器的输入电阻，而与反馈电流无关。也就是说，反馈将不起作用。且 R_s 越大，输入电流越趋于恒流，反馈的作用越明显。在电路测试时，若信号源内阻为 0，则应外加一个相当于 R_s 的电阻。

4. 并联电流负反馈

并联反馈输入端的信号以电流形式出现，即 $\dot{I}_i$、$\dot{I}_f$、$\dot{I}_d$，又因为电流反馈的反馈信号 $\dot{I}_f$ 正比于输出电流，所以 $\dot{I}_f \propto \dot{I}_o$，故并联电流负反馈增益和反馈系数的定义为

$$A_i = \frac{\dot{I}_o}{\dot{I}_d}, \quad F_i = \frac{\dot{I}_f}{\dot{I}_o}$$

闭环电流增益

$$A_f = \frac{\dot{X}_o}{\dot{X}_i} = A_{if} = \frac{\dot{I}_o}{\dot{I}_i} \approx \frac{\dot{I}_o}{\dot{I}_f} = \frac{1}{F_i} \tag{4.3.6}$$

4.3.2 深度负反馈放大器的计算举例

1. 串联电压负反馈——同相比例放大器

集成运算放大器是高增益的直接耦合放大器。集成运算放大器有两个输入端和一个输出端。集成运放在运用时，需要施加负反馈以保证放大器工作在线性放大状态。

如图 4.3.1 所示，R_f 和 R_1 形成了反馈，反馈电路在输出端与输出信号接在同一个电极上，构成电压反馈，反馈信号以电压形式出现，即 $\dot{U}_i$、$\dot{U}_f$、$\dot{U}_d$；反馈电路在输入端与输入信号没有接在同一电极上，构成串联反馈，即 $\dot{U}_d = \dot{U}_i - \dot{U}_f$，所以为串联电压负反馈。

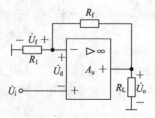

图 4.3.1 串联电压负反馈——同相比例放大器

在理想状态和深负反馈的条件下，$A_f \approx 1/F$，而 $F = \dot{X}_f / \dot{X}_o = \dot{U}_f / \dot{U}_o$，则

$$F_u = \frac{\dot{U}_f}{\dot{U}_o} = \frac{R_1}{R_1 + R_f} \tag{4.3.7}$$

式中，

$$\dot{U}_f = \frac{R_1}{R_1 + R_f} \dot{U}_o$$

所以，闭环电压增益 A_{uf} 为

$$A_{uf} = \frac{\dot{U}_o}{\dot{U}_i} \approx \frac{\dot{U}_o}{\dot{U}_f} = \frac{1}{F_u} = \frac{R_1 + R_f}{R_1} = 1 + \frac{R_f}{R_1} \tag{4.3.8}$$

可见，输出信号与输入信号同相，且成比例关系，故又称该电路为同相比例放大器。

例 4.2　判断图 4.3.2 中电路的反馈类型，并计算电压增益 A_{uf}。

解　在图 4.3.2 中，由 R_f、C_f 和 R_{e1} 在输入端、输出端的连接方式可知，该电路引入了串联电压负反馈。

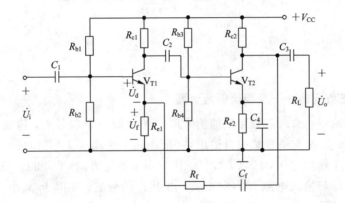

图 4.3.2　例 4.2 图

若该负反馈放大电路引入的是深度负反馈，则

$$A_{uf} = \frac{\dot{U}_o}{\dot{U}_i} \approx \frac{1}{F_u} \tag{4.3.9}$$

又

$$F_u = \frac{\dot{U}_f}{\dot{U}_o} = \frac{\dfrac{R_{e1}}{R_{e1} + R_f} \dot{U}_o}{\dot{U}_o} = \frac{R_{e1}}{R_{e1} + R_f}$$

代入式(4.3.9)，可得

$$A_{uf} = \frac{\dot{U}_o}{\dot{U}_i} \approx \frac{1}{F_u} = \frac{R_{e1} + R_f}{R_{e1}}$$

例 4.3　电路如图 4.3.3 所示，图中 A_1、A_2 为理想运放。

(1) 判断越级反馈的类型；

(2) 计算深度负反馈条件下电压放大倍数 A_{uf}。

解　(1) 图中 R_1、R_3 分别构成了运放 A_1、A_2 的两个本级负反馈。越级负反馈由 R_4、R_5 构成，由其连接形式可以判断出是串联电压负反馈。

(2) 对于串联电压深度负反馈放大器，有

$$A_{uf} = \frac{\dot{U}_o}{\dot{U}_i} \approx \frac{1}{F_u}$$

又

$$F_u = \frac{\dot{U}_f}{\dot{U}_o} = \frac{\dfrac{R_5}{R_4 + R_5}\dot{U}_o}{\dot{U}_o} = \frac{R_5}{R_4 + R_5} = 0.01$$

所以

$$A_{uf} \approx \frac{1}{F_u} = 100$$

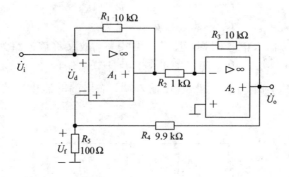

图 4.3.3　例 4.3 图

2. 并联电压负反馈——反相比例放大器

如图 4.3.4 所示，输入信号和反馈信号同时加在同一个端子上，构成并联反馈，信号以电流形式出现。反馈支路直接引自输出端（接在同一个端子上），构成电压反馈，又因为反馈的信号正比于输出电压，所以 $\dot{I}_f \propto \dot{U}_o$。依据图示参考方向，$\dot{U}_i$ 和 $\dot{U}_o$ 反相，因此在节点 Z 上，反馈电流 $\dot{I}_f$ 与输入电流 $\dot{I}_i$ 方向相反，由于 $\dot{I}_f$ 的分流，使得 $\dot{I}_d$ 减小，所以是负反馈。因此，该电路引入了并联电压负反馈。

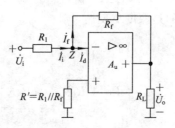

图 4.3.4　并联电压负反馈——反相比例放大器

在理想状态和深度负反馈的条件下，$A_f \approx 1/F$，且 $F = X_f/X_o$。由于并联反馈在输入端以电流形式出现，即 $\dot{X}_f = \dot{I}_f$，而电压反馈取自输出电压 $\dot{U}_o$，即 $\dot{X}_o = \dot{U}_o$，则

$$F_g = \frac{\dot{I}_f}{\dot{U}_o} \approx \frac{-\dot{U}_o/R_f}{\dot{U}_o} = -\frac{1}{R_f} \tag{4.3.10}$$

式中，

$$\dot{I}_f = \frac{U_Z - \dot{U}_o}{R_f} \approx -\frac{\dot{U}_o}{R_f}$$

据式(4.3.5)，

$$A_{rf} = \frac{\dot{U}_o}{\dot{I}_i} \approx \frac{1}{F_g} = -R_f$$

闭环电压增益 A_{uf} 为

$$A_{uf} = \frac{\dot{U}_o}{\dot{U}_i} = \frac{\dot{U}_o}{\dot{I}_i R_1} \approx \frac{\dot{U}_o}{\dot{I}_f R_1} = A_{rf} \cdot \frac{1}{R_1} = -\frac{R_f}{R_1} \qquad (4.3.11)$$

其中, $\dot{I}_i \approx \dot{I}_f$ 。

可见, 输出电压 $\dot{U}_o$ 与输入电压 $\dot{U}_i$ 相位相反, 电压增益等于反馈电阻 R_f 与电阻 R_1 的比值, 故又称反相比例放大器。

＊例 4.4　　判断图 4.3.5 中所示电路的反馈类型及性质, 并计算电压增益。

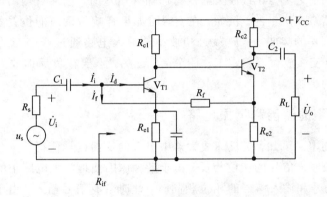

图 4.3.5　例 4.4 图

解　根据连接形式可以知道该电路构成了并联电流负反馈。对并联反馈, 信号以电流形式出现, 参考方向如图所示。

$$\begin{cases} F_i = \dfrac{X_f}{X_o} = \dfrac{\dot{I}_f}{\dot{I}_o} \\[2mm] A_{if} = \dfrac{\dot{I}_o}{\dot{I}_i} \approx \dfrac{\dot{I}_o}{\dot{I}_f} = \dfrac{1}{F_i} \\[2mm] \dot{I}_o \approx \dot{I}_{e2} \end{cases} \qquad (4.3.12)$$

由图 4.3.5 可知, R_f 和 R_{e2} 并联, 根据并联分流关系可得

$$\dot{I}_f \approx -\frac{R_{e2}}{R_f + R_{e2}} \dot{I}_{e2} \qquad (4.3.13)$$

代入式(4.3.12), 整理得

$$A_{if} = \frac{\dot{I}_o}{\dot{I}_i} \approx \frac{\dot{I}_o}{\dot{I}_f} = -\frac{R_f + R_{e2}}{R_{e2}} \qquad (4.3.14)$$

所以, 闭环电压放大倍数

$$A_{uf} = \frac{\dot{U}_o}{\dot{U}_i} = \frac{\dot{I}_o (R_c /\!/ R_L)}{\dot{I}_i \cdot R_{if}} \approx A_{if} \cdot \frac{(R_c /\!/ R_L)}{R_{if}} = A_{if} \cdot \frac{R_L'}{R_{if}}$$

转换为源电压增益 A_{ufs} 为

$$A_{ufs} = \frac{\dot{U}_o}{\dot{U}_s} = \frac{\dot{I}_o \cdot R_L'}{\dot{I}_i \cdot (R_{if} + R_s)} \approx A_{if} \cdot \frac{R_L'}{(R_{if} + R_s)} \qquad (4.3.15)$$

式中 R_{if} 为放大电路引入反馈后的输入电阻。

*4.4 负反馈放大器的自激及其消除

4.4.1 自激的概念

加入负反馈之后,可以改善放大器的诸多性能指标,但是同时也给放大器带来一些不利之处,最主要的问题就是负反馈放大器会出现高频自激。

所谓"自激",就是某些频率的信号在通过放大器中的反馈电路后,变成了正反馈,如果正反馈是足够强的,就会导致放大器没有加输入信号时,也会有输出电压存在,这一输出电压是由放大器自身产生的。例如,在上课时如果音响与话筒的位置不合适,功放开始工作时就会听到刺耳的啸叫声,这就是功放中的放大电路通过音箱与话筒形成的自激现象。这些信号对负反馈放大器稳定工作十分有害。为此,要在负反馈放大器中采取一些消除这种高频自激的措施。

4.4.2 自激产生的原因和消振电路

根据负反馈的定义可知,负反馈放大器中引入的反馈信号使得输入信号被削弱,也就是说,反馈信号和输入信号的相位相反。由于某种原因使得放大电路中的负反馈改变为正反馈时,即反馈信号和输入信号的相位相同时,此时若有信号输入,由于是正反馈,使得反馈信号与原输入信号相加,净输入增大,再经过放大器的放大,那么输出信号就会增大,使得反馈信号也随着增大,这样愈反馈信号幅度愈大,最终便会产生自激振荡。

为避免产生自激振荡,不影响放大器对正常信号的放大,必须对正反馈加以抑制。这通过消振电路(又称为补偿电路)来完成。消振电路是根据自激振荡产生的机理设计的。只要破坏了正反馈或者使得正反馈信号不能被放大输出,自激就不会发生。

常用的消振电路有超前式消振电路、滞后式消振电路、超前—滞后式消振电路和负载阻抗补偿电路等。

1. 超前式消振电路

如图 4.4.1 所示,在两级放大器之间接入一个 R_1、C_2 并联电路构成超前式消振电路,C_2 是级间耦合电容。对于音频级放大器,电容 C_2 的容量不能太大,一般在皮法级。

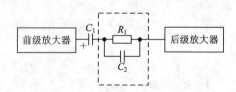

图 4.4.1　超前式消振电路

2. 滞后式消振电路

如图 4.4.2 所示,在两级放大器之间的 R_1、C_2 构成滞后式消振电路,C_1 是级间耦合电容。音频放大器中滞后式消振电路中的消振电阻 R_1 一般为 $2\ \text{k}\Omega$,消振电容 C_2 一般取几千皮法。如果前级放大器输出阻抗很大,可以将消振电阻 R_1 省去,只设消振电容 C_2。

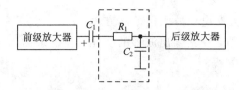

图 4.4.2　滞后式消振电路

3. 超前—滞后式消振电路

如图 4.4.3 所示超前—滞后式消振电路只是在滞后式消振电路的基础上加入一个电阻改善了高频特性。当前级放大器输出阻抗很大时，也可以省去消振电路中的电阻 R_1，只接入消振电阻 R_2 和消振电容 C_2。

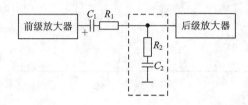

图 4.4.3　超前—滞后式消振电路

4. 负载阻抗补偿电路

有些情况下，负反馈放大器的自激是由于放大器的负载引起的，此时可以采用负载阻抗补偿电路来消除自激。

负载阻抗补偿电路如图 4.4.4 所示。扬声器 SP_1 是功率放大器的负载。负载阻抗补偿电路由两部分组成：一是 R_1 和 C_2 构成的负载阻抗补偿电路，这一电路又称为"茹贝尔"网络；二是由 L_1 和 R_2 构成的补偿电路。

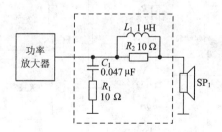

图 4.4.4　负载阻抗补偿电路

在实际应用中，消除自激振荡是比较困难的。消振电路所用的电容和电阻通常要经过反复测试来决定。

4.5　负反馈放大器的仿真实验

1. 运算放大器构成的串联电压负反馈放大器

按图 4.5.1 所示创建电路，该电路由 R_1 和 R_2 构成串联电压负反馈，参照图示数值设置电路参数。

（1）验证反相运算放大器电压放大倍数的方程。

（2）改变 R_1 和 R_2 的值，观察输出波形的变化，并记录输出电压的数值，验证反相运算放大器电压放大倍数的方程。

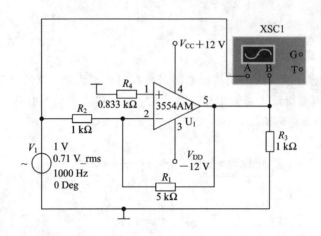

图 4.5.1　反相运算放大器

2. 串联电压负反馈放大器

按图 4.5.2 所示创建电路，该电路由 R_{11} 和 C_6 构成串联电压负反馈，参照图示数值设置电路参数。验证串联电压负反馈放大器的基本方程。

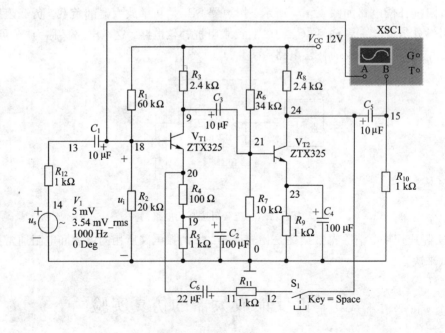

图 4.5.2　串联电压负反馈放大器

本 章 小 结

本章主要讨论了正、负反馈的判断，负反馈类型的判别，负反馈放大电路的性能以及深度负反馈放大电路的分析方法。

（1）反馈的实质是输出量参与控制，反馈使净输入量减弱的为负反馈，使净输入量增强的为正反馈。常用"瞬时极性法"来判别反馈的极性。

（2）反馈的类型按输出端的取样方式分为电压反馈和电流反馈：引入电压反馈的反馈支路与负载 R_L 相连时构成电压反馈，反之则构成电流反馈。按输入端的连接方式分为串联反馈和并联反馈：放大器输入端与反馈支路没有接在同一个节点上时构成并联反馈，反之则构成串联反馈。

（3）负反馈用牺牲放大倍数来获得对放大电路性能的改善：它能提高放大倍数工作的稳定性，减小非线性失真，拓宽通频带，改变输入、输出电阻的大小。即：电压负反馈能稳定输出电压，减小输出电阻，增强放大电路带负载能力；电流负反馈能稳定输出电流，增大输出电阻；串联负反馈能增大输入电阻，减轻信号源负担；并联负反馈能减小输入电阻，使放大电路向信号源索取更大的电流。

习　　题

4-1　选择合适的答案填空。

（1）对于放大电路，所谓开环是指 _____ ，而所谓闭环是指 _____ 。

    A. 无信号源

    B. 无反馈通路

    C. 有电源

    D. 存在反馈通路

（2）在输入量不变的情况下，若引入反馈后 _____ ，则说明引入的反馈是负反馈。

    A. 输入电阻增大

    B. 输入量增大

    C. 净输入量增大

    D. 净输入量减小

（3）① 稳定静态工作点，应引入 _____ ；

    ② 稳定放大倍数，应引入 _____ ；

    ③ 改变输入电阻和输出电阻，应引入 _____ ；

    ④ 展宽通频带，应引入 _____ ；

    ⑤ 抑制温漂，应引入 _____ 。

    A. 直流负反馈

    B. 交流负反馈

（4）深度负反馈的条件是 ＿＿＿＿＿ 。

  A. $|AF|\gg1$

  B. $|1+AF|\gg1$

4－2 判断下列说法是否正确。

（1）若放大器的增益为负，则引入的反馈一定是负反馈。（   ）

（2）负反馈放大器的放大倍数与组成它的基本放大器的放大倍数量纲相同。（   ）

（3）如放大器引入负反馈，则负载电阻变化时，输出电压基本不变。（   ）

（4）只要在放大器中引入负反馈，就一定能使其性能得到改善。（   ）

（5）反馈量仅仅取决于输出量。（   ）

（6）既然电流负反馈稳定输出电流，那么必然稳定输出电压。（   ）

（7）放大电路的级数越多，引入的负反馈越强，电路的放大倍数也就越稳定。（   ）

（8）深度负反馈条件下，闭环增益约等于反馈系数的倒数，与开环增益的关系不大。

                     （   ）

4－3 选择合适的答案填空。

（1）为了稳定放大电路的输出电压，应引入 ＿＿＿＿＿ 负反馈；

（2）为了稳定放大电路的输出电流，应引入 ＿＿＿＿＿ 负反馈；

（3）为了增大放大电路的输入电阻，应引入 ＿＿＿＿＿ 负反馈；

（4）为了减小放大电路的输入电阻，应引入 ＿＿＿＿＿ 负反馈；

（5）为了增大放大电路的输出电阻，应引入 ＿＿＿＿＿ 负反馈；

（6）为了减小放大电路的输出电阻，应引入 ＿＿＿＿＿ 负反馈。

  A. 电压   B. 电流

  C. 串联   D. 并联

4－4 电路如题 4－4 图所示，试找出反馈支路，并判断反馈类型。

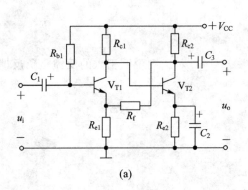 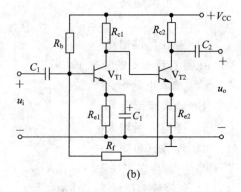

      (a)   (b)

题 4－4 图

  4－5 电路如题 4－5 图所示，试判断这些电路中的反馈类型，并说明负反馈电路中对输入电阻和输出电阻的影响。设图中所有电容对交流信号均可视为短路。

  4－6 有一负反馈放大器，其开环增益 $A=100$，反馈系数 $F=1/10$。试问它的反馈深度和闭环增益各是多少？

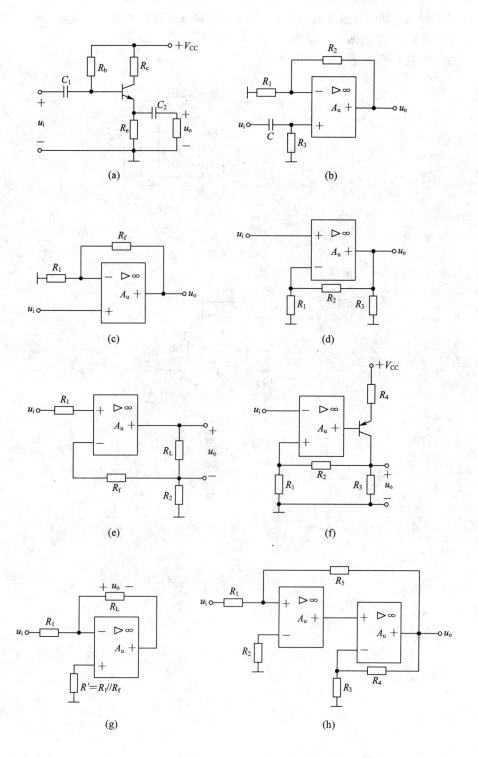

题 4 - 5 图

4-7 有一负反馈放大器,当输入电压为 0.1 V 时,输出电压为 2 V,而在开环时,对于 0.1 V 的输入电压,其输出电压则有 4 V。试计算其反馈深度和反馈系数。

4-8 求题 4-4 图所示电路的 A_{uf}。

4-9 求题 4-9 图所示电路的 A_{uf}。

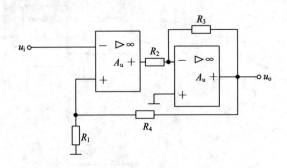

题 4-9 图

4-10 求题 4-10 图所示电路的 A_{uf}。

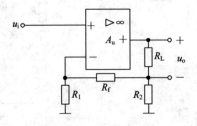

题 4-10 图

第 5 章　集成运算放大器的应用

　　运算放大器是具有高开环放大倍数的多级直接耦合放大电路。随着半导体工艺的发展，运算放大器由分立元件电路发展到了集成运算放大器，其应用也远远超出信号运算的界限，在信号处理、信号测量及波形产生等方面获得广泛应用。集成运算放大器的应用从最初的信号运算发展到现在，几乎应用于电子技术的各个领域。应用实物电路板如图 5.0.1 所示。

图 5.0.1　集成运算放大器的应用

5.1　信号调理电路

5.1.1　放大电路

1. 反相放大电路

　　运算放大器的种类很多，在实际应用中，都可以看做是理想运算放大器。这里以 OP37 集成运放芯片为例说明连接方式。OP37 运算放大器的电路和管脚排列如图 5.1.1(a) 所示，图 5.1.1(b) 是双电源供电带调零的应用电路。在以后的分析中，为了方便，简化的电路图都默认电路电源已接上，理想运算放大器组成的简化反相放大电路如图 5.1.1(c) 所示。

　　根据虚断，$I_i \approx 0$，得 $I_1 \approx I_f$。

　　根据虚短，$U_- \approx U_+$，得 $U_- \approx 0$。

$$I_1 = \frac{u_1 - U_-}{R_1} \approx \frac{u_1}{R_1}$$

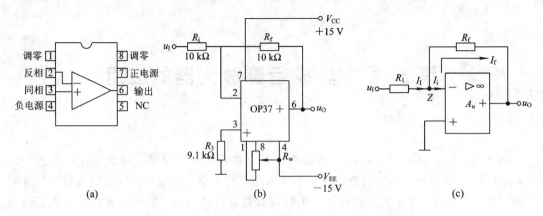

图 5.1.1 反相放大电路

$$u_O = -I_f R_f \approx -\frac{u_1}{R_1} R_f$$

所以，电压放大倍数为

$$A_u = \frac{u_O}{u_I} = -\frac{I_f R_f}{I_I R_1} \approx -\frac{R_f}{R_1} \qquad (5.1.1)$$

电压放大倍数表达式有一个负号，这个负号是根据电路中电压正方向的规定得出的。也可以这样看这个负号，因为输入电压通过电阻 R_1 加在运放的反相输入端，所以输出电压与输入电压反相。

反相放大电路的输入电阻为

$$R_i = R_1$$

根据上述关系式，该电路可用于反相放大。平衡电阻 R' 是为了保证运算放大器的两个差动输入端处于平衡的工作状态，避免输入偏流产生附加的差动输入电压。因此，应该使反相输入端和同相输入端对地的电阻相等，应保证 $R' = R_1 /\!/ R_f$。

$U_+ = U_- \approx 0$ 称为虚地现象。虚地是反相输入端的电位近似等于地电位，且对于理想运放也没有电流流入运放的反相输入端。此现象是反相运算电路的一个重要特点。由于虚地现象的存在，加在运放两输入端的共模电压为 0。虚地并不是真正的地（地一般是零电位），用导线真的去短路，电路将不能工作。

2. 同相放大电路

理想运算放大器组成的同相放大电路如图 5.1.2 所示。

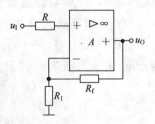

图 5.1.2 同相放大电路

根据虚断，输入回路没有电流，所以，$u_I = U_+$；根据虚短，$u_I = U_+ \approx U_-$。故

$$u_I = U_- = \frac{R_1}{R_1 + R_f} u_O$$

注意，如果反相输入端有电流，就不能用以上的分压关系来确定同相输入端的电压值。输出电压可由上式变换为

$$u_O = \left(1 + \frac{R_f}{R_1}\right) u_I$$

所以，电压放大倍数为

$$A_u = \frac{u_O}{u_I} = \left(1 + \frac{R_f}{R_1}\right) \tag{5.1.2}$$

根据上述关系式，该电路可用于同相放大。同相放大电路在运放的两输入端加上了共模电压，不存在虚地现象；此外，输入电阻中包含了运放的输入电阻，在一般情况下可以看成是无穷大。

实际电路中，经常将同相放大电路接成如图 5.1.3 所示的电压跟随器形式。根据虚短和虚断的概念，在此电路中输出电压等于输入电压，电压放大倍数等于 1。该电路还具有和共集电极组态相同的一些重要性质，如输入输出同相，输入电阻很大，输出电阻很小等。

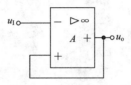

图 5.1.3　同相跟随器

根据式（5.1.1）可以看出，反相放大电路的电压放大倍数由电阻 R_1 和 R_f 的比例关系确定，其放大倍数的绝对值可以大于 1，等于 1，也可以小于 1。反相放大电路的输入电阻等于 R_1。反相放大器有虚地存在，共模电压等于 0。

根据式（5.1.2）可以看出，同相放大电路的电压放大倍数可以大于、等于 1，等于 1 相当于跟随器，具体数值由电阻 R_1 和 R_f 的比例关系确定。同相放大电路的输入电阻非常大，一般情况下可视为无穷大。同相放大器无虚地存在，有共模电压输入。

5.1.2　运算电路

1. 求和运算电路

1）反相求和电路

在反相放大电路的基础上，增加一个输入支路，就构成了反相输入求和电路，见图 5.1.4。图（a）为由实物构成的电路，图（b）为原理电路。此时两个输入信号电压产生的电流都流向 R_f，即 $i_{i1} + i_{i2} = i_f$。因为 $U_+ \approx U_- = 0$，所以 $u_o = i_f R_f$，有

$$u_o = -(i_{i1} + i_{i2})R_f = -\left(\frac{u_{i1}}{R_1} + \frac{u_{i2}}{R_2}\right)R_f = -\left(\frac{R_f}{R_1}u_{i1} + \frac{R_f}{R_2}u_{i2}\right)$$

输出是两输入信号的比例和。

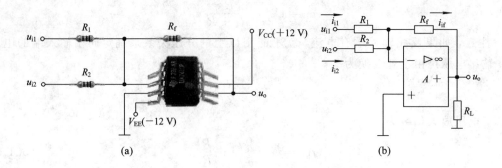

图 5.1.4　反相输入求和电路

当 $R_1 = R_2$ 时，

$$u_o = -\frac{R_f}{R_1}(u_{i1} + u_{i2})$$

当 $R_1 = R_2 = R_f$ 时，输出等于两输入反相之和，即

$$u_o = -(u_{i1} + u_{i2})$$

＊2）同相输入求和电路

在同相放大电路的基础上，增加一个输入支路，就构成了同相输入求和电路，如图5.1.5 所示。

因运放具有虚断的特性，

$$U_- = \frac{R}{R_f + R}u_o$$

对运放同相输入端的电位可用叠加原理求得

$$U_+ = \frac{(R_2 \mathbin{/\mkern-5mu/} R')u_{i1}}{R_1 + (R_2 \mathbin{/\mkern-5mu/} R')} + \frac{(R_1 \mathbin{/\mkern-5mu/} R')u_{i2}}{R_2 + (R_1 \mathbin{/\mkern-5mu/} R')}$$

而

$$U_- = U_+$$

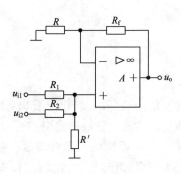

图 5.1.5　同相输入求和电路

由此可得出

$$\begin{aligned}
u_o &= \left[\frac{(R_2 \mathbin{/\mkern-5mu/} R')u_{i1}}{R_1 + (R_2 \mathbin{/\mkern-5mu/} R')} + \frac{(R_1 \mathbin{/\mkern-5mu/} R')u_{i2}}{R_2 + (R_1 \mathbin{/\mkern-5mu/} R')}\right]\frac{R_f + R}{R} \\
&= \left[\frac{R_1}{R_1} \times \frac{(R_2 \mathbin{/\mkern-5mu/} R')u_{i1}}{R_1 + (R_2 \mathbin{/\mkern-5mu/} R')} + \frac{R_2}{R_2} \times \frac{(R_1 \mathbin{/\mkern-5mu/} R')u_{i2}}{R_2 + (R_1 \mathbin{/\mkern-5mu/} R')}\right]\frac{R_f + R}{R} \\
&= \left(\frac{R_p}{R_1}u_{i1} + \frac{R_p}{R_2}u_{i2}\right)\left(\frac{R + R_f}{R} \times \frac{R_f}{R_f}\right) \\
&= \frac{R_p}{R_n} \times R_f \times \left(\frac{u_{i1}}{R_1} + \frac{u_{i2}}{R_2}\right)
\end{aligned}$$

式中 $R_p = R_1 \mathbin{/\mkern-5mu/} R_2 \mathbin{/\mkern-5mu/} R'$，$R_n = R_f \mathbin{/\mkern-5mu/} R$。

当 $R_P = R_n$，$R_1 = R_2 = R_f$ 时，

$$u_o = u_{i1} + u_{i2}$$

例 5.1　求图 5.1.6 所示数据放大器的输出表达式。

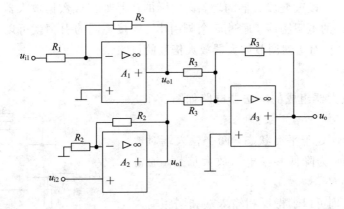

图 5.1.6　例 5.1 电路图

解　A_1 为反相放大器，

$$u_{o1} = -\frac{R_2}{R_1}u_{i1}$$

A_2 为同相放大器，

$$u_{o2} = \left(1 + \frac{R_2}{R_2}\right)u_{i2} = 2u_{i2}$$

A_3 为反相加法器，

$$u_o = -\frac{R_3}{R_3}u_{o1} - \frac{R_3}{R_3}u_{o2} = \frac{R_2}{R_1}u_{i1} - 2u_{i2}$$

例 5.2　求图 5.1.7 所示数据放大器的输出表达式，并分析 R_1 的作用。

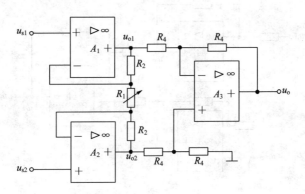

图 5.1.7　例 5.2 电路图

解　u_{s1} 和 u_{s2} 为差模输入信号，因此 u_{o1} 和 u_{o2} 也是差模信号，R_1 的中点为交流零电位。对 A_3 是双端输入放大电路。所以

$$u_{o1} = \left(1 + \frac{R_2}{R_1/2}\right)u_{s1}$$

$$u_{o2} = \left(1 + \frac{R_2}{R_1/2}\right)u_{s2}$$

$$u_o = u_{o2} - u_{o1} = \left(1 + \frac{2R_2}{R_1}\right)(u_{s2} - u_{s1})$$

显然调节 R_1 可以改变放大器的增益。实际的产品如集成数据放大器 AD624，其内部集成了等效于 R_1 的电阻网络，通过 5 个脚引出，连接不同的引脚就可以方便地改变等效电阻 R_1 的大小，从而达到调节放大器放大倍数的目的。

2. 减法器

理想运算放大器组成的减法器电路如图 5.1.8 所示。

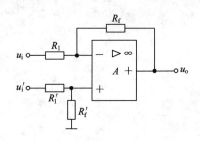

图 5.1.8　减法器电路

为保证输入端处于平衡状态，两个输入端对地的电阻相等，同时为降低共模电压放大倍数，通常使 $R_1 = R_1'$，$R_f = R_f'$。

利用叠加定理可以求得反相输入端和同相输入端的电位为

$$U_- = u_i \frac{R_f}{R_1 + R_f} + u_o \frac{R_1}{R_1 + R_f}$$

$$U_+ = u_i \frac{R_f'}{R_1' + R_f'}$$

根据虚短，可知 $U_+ = U_-$，当满足 $R_1 = R_1'$，$R_f = R_f'$ 时，可得

$$u_o = -\frac{R_f}{R_1}(u_i - u_i') \tag{5.1.3}$$

电路的输出电压与两个输入电压的差值成正比。

例 5.3　求图 5.1.9 所示数据放大器的输出表达式。

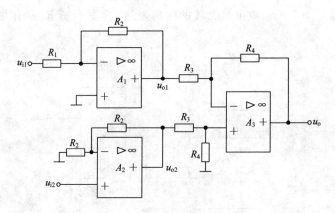

图 5.1.9　例 5.3 电路图

解　A_1 为反相放大器，

$$u_{o1} = -\frac{R_2}{R_1} u_{i1}$$

A_2 为同相放大器，

$$u_{o2} = \left(1 + \frac{R_2}{R_2}\right) u_{i2} = 2u_{i2}$$

A_3 为减法器，

$$u_o = -\frac{R_4}{R_3}u_{o1} + \frac{R_4}{R_3}u_{o2} = \frac{R_4}{R_3}\left(\frac{R_2}{R_1}u_{i1} + 2u_{i2}\right)$$

3. 积分和微分运算电路

1）积分运算电路

积分器的工作过程可以用水流注入一个容器来类比，见图 5.1.10(a)。容器的容量相当于电容器的容量，水流流量的大小相当于电流的大小，当水流量不变时，水位的上升将是线性的，相当积分器输出电压随时间的线性变化关系。

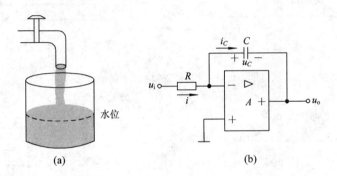

图 5.1.10　积分运算电路

积分运算电路的分析方法与求和电路差不多。反相积分运算电路如图 5.1.10(b)所示。根据虚地，有 $i = u_i/R$，于是

$$u_o = -u_C = -\frac{1}{C}\int_0^t i_C(t)\,dt = -\frac{1}{RC}\int_0^t u_i\,dt$$

当输入信号是阶跃直流电压时，即

$$u_i = \begin{cases} 0 & t < 0 \\ u_i & t \geqslant 0 \end{cases}$$

$$u_o = -u_C = -\frac{1}{RC}\int_0^t u_i\,dt = -\frac{u_i}{RC}t$$

例 5.4　画出在给定输入波形作用下积分器的输出波形。

图 5.1.11 给出了在阶跃输入和方波输入下积分器的输出波形。图(a)中，在 0～1 ms 期间，输入电压 $u_1 = 0$，输出电压 u_O 也为 0；当 $t = 1$ ms 时，输入电压跳变至 $-U_1$，则输出电压

$$u_O = \frac{u_1}{RC}t$$

u_O 随着 t 增大而线性升高。图(b)中，在 0～1 ms 期间，$u_1 = 2$ V，输出电压往负的方向线性增大；在 1～2 ms 期间，由于输入电压等于 0，且因为是虚地，积分电阻 R 两端无电位差，流过电阻 R 的电流为 0，因此 C 不能放电，电容两端的电压保持不变，故输出电压保持不变。在 2～3 ms 期间，$u_1 = 2$ V，输出电压继续向负的方向增加。由此可见，积分电路将输入单方向脉冲电压变成阶梯电压输出。

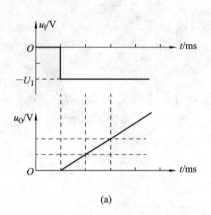

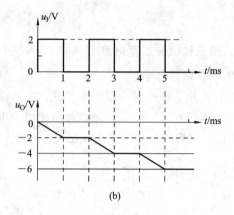

(a)   (b)

图 5.1.11　积分器的输入和输出波形

（a）阶跃输入信号；（b）方波输入信号

2）微分运算电路

微分运算电路如图 5.1.12 所示。显然

$$u_O = -i_R R = -i_C R$$

$$= -RC\frac{\mathrm{d}u_C}{\mathrm{d}t}$$

$$= -RC\frac{\mathrm{d}u_I}{\mathrm{d}t}$$

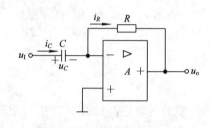

图 5.1.12　微分电路

5.1.3　变换电路

1. 电流—电压变换器

电流—电压变换器是将输入电流 i_s 变换成与输入电流成正比的电压 u_o 输出。

图 5.1.13 所示是电流—电压变化电路。由图可知

$$u_o = -i_s R_f$$

可见输出电压与输入电流成比例。输出端的负载电流

$$i_o = \frac{u_o}{R_L} = -\frac{i_s R_f}{R_L} = -\frac{R_f}{R_L} i_s$$

若 R_L 固定，则输出电流与输入电流成比例，此时该电路也可视为电流放大电路。

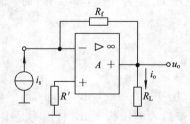

图 5.1.13　电流—电压变换电路

2. 电压—电流变换器

电压—电流变换器是将输入电压 u_s 变换成与该电压成正比的电流输出，而这个电流

与负载 R_L 的大小无关，故电压—电流变换器也称为电压控制的恒流源电路。

图 5.1.14 所示的电路为电压—电流变换器。

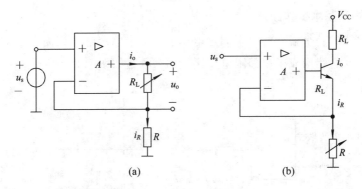

图 5.1.14　电压—电流变换器

(a) 电压—电流变换器 I；(b) 电压—电流变换器 II

由图 5.1.14(a)可知，$u_s = U_+$，因为虚短，$U_+ = U_- = u_s$，故流过 R 的电流 i_R 为 $i_R = u_s/R$，又因为虚断，$i_o = i_R$，所以输出电流与输入电压成比例。

对图 5.1.14(b)所示电路，$u_s = U_+$，因为虚短，$U_+ = U_- = u_s$，故流过 R 的电流 i_R 为 $i_R = u_s/R$，又因为虚断，$i_o = i_R$，所以输出电流与输入电压成比例。此电路可以用在大电流的场合。

以上两例说明 i_o 与 u_s 成正比。线性变换电压—电流和电流—电压变换器广泛应用于放大电路和传感器的连接处，是很有用的电子电路。

5.2　比　较　器

比较器是将一个模拟输入电压信号与一个基准电压相比较的电路，这个基准电压称为门限电压，也叫做阈值电压，比较的结果用输出电压的高或低来描述。常用的幅度比较电路有单门限比较器和具有滞回特性的比较器。如果比较器的门限电压是固定的常数，则称为单门限比较器；如果门限电压为两个固定的常数，则称为窗口比较器；如果门限电压是变化的值，则称为滞回比较器。比较器可由运放构成，也可以使用专用的集成比较器，例如 LM339 就是内部集成了四个独立的比较器的集成比较器。LM339 的应用实例如图 5.2.1 所示。

图 5.2.1　LM339 应用实例

5.2.1　单门限比较器

1. 电路结构和基本工作原理

将运算放大器的一个输入端接至固定电压值，这个固定电压记为 U_{REF}，运算放大器的另一个输入端接 u_s，就构成了单门限电压比较器，电路如图 5.2.2 所示。

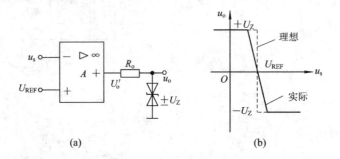

(a)　　　　　　　　　　(b)

图 5.2.2　固定电压比较器

(a) 电路图；(b) 电压传输特性

运放处于开环工作状态，U_{om} 为运放输出的最大饱和电压。此时运放具有的特点是：当 $U_+ > U_-$ 时，$u_o = U_{om}$；当 $U_+ < U_-$ 时，$u_o' = -U_{om}$。对于图 5.2.2(a)，当 $u_s > U_{REF}$ 时，$u_o' = -U_{om}$；当 $u_s < U_{REF}$ 时，$u_o' = U_{om}$。U_{REF} 称为比较门限，也叫做比较阈值或参考电压。为了使输出幅度固定在某一值上，通常在输出端接上一个双向稳压管，双向稳压管的击穿电压为 $\pm U_Z$，并且满足 $U_{om} \geqslant U_Z$，这样就有当 $U_+ > U_-$ 时，$u_o = U_Z$；当 $U_+ < U_-$ 时，$u_o' = -U_Z$。比较器常用输出电压和输入电压之间关系的曲线来描述，即电压传输特性。单门限电压比较器的电压传输特性见图 5.2.2(b)。

过零电压比较器是典型的电压比较器，它的电路图如图 5.2.3(a) 所示。取 $U_{REF} = 0$ V，同相端接地，$U_+ = 0$，反相端加输入信号 u_s。其工作原理是：当 $u_s > 0$ 时，因为 $U_+ < U_-$，故 $u_o = -U_{om}$；当 $u_s < 0$ 时，$U_+ > U_-$，故 $u_o = U_{om}$。传输特性如图 5.2.3(b) 所示。单门限电压比较器常用来对输入信号整形或波形变换，例如过零电压比较器当输入电压为正弦电压时，输出与输入波形如图 5.2.3(c) 所示。

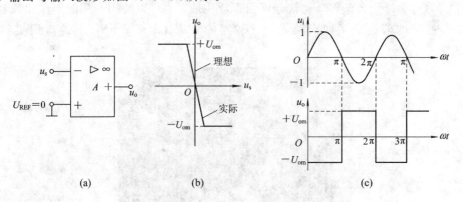

(a)　　　　　　　(b)　　　　　　　(c)

图 5.2.3　过零电压比较器

(a) 电路图；(b) 电压传输特性；(c) 输出与输入波形

2. 基本特点

单门限比较器具有如下特点：

（1）工作在开环或正反馈状态。

（2）开关特性，因开环放大倍数很大，比较器的输出只有最高电压和最低电压两个稳定状态。

（3）输出和输入不成线性关系。

5.2.2　滞回比较器

从输出引一个电阻分压支路到同相输入端，所构成的电路即为滞回比较器，如图 5.2.4(a)所示。

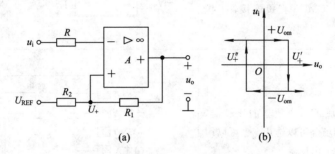

图 5.2.4　滞回比较器

（a）电路图；（b）传输特性

由图 5.2.4(a)可以看出，运放同相端的电压 U_+ 由参考电压 U_{REF} 和输出电压 u_o 共同决定，由于运放的输出电压 u_o 只有最高 $+U_{om}$ 和最低 $-U_{om}$ 两种，故设 $u_o = U_{om}$，则

$$U'_+ = \frac{R_1 U_{REF}}{R_1 + R_2} + \frac{R_2}{R_1 + R_2} U_{om} = U_T$$

式中 U_T 称为上限阈值（或称为触发）电压。

输入电压 u_i 从 0 开始逐渐增大，当 $u_i \leqslant U_T$ 时，因为 $U_- < U_+$，输出电压维持在 $u_o = U_{om}$；当输入电压 $u_i \geqslant U_T$ 时，因为 $U_- > U_+$，输出电压 u_o 从 $+U_{om}$ 跳变到 $-U_{om}$，即 $u_o = -U_{om}$，此时

$$U''_+ = \frac{R_1 U_{REF}}{R_1 + R_2} - \frac{R_2}{R_1 + R_2} U_{om} = U'_T$$

式中 U'_T 称为下限阈值（触发）电压。

当 u_i 逐渐减小时，只要 $u_i > U'_T$，u_o 就等于 $-U_{om}$，只有当 $u_i \leqslant U'_T$ 时，u_o 才重新跳回 $+U_{om}$，因此出现了如图 5.2.4 (b)所示的滞回特性曲线。

由此可见，滞回比较器有两个转折点，由 $+U_{om}$ 跳变到 $-U_{om}$ 转折点为 $u_i \geqslant U_T$，而由 $-U_{om}$ 跳变到 $+U_{om}$ 转折点为 $u_i \leqslant U'_T$。U_T 与 U'_T 之差称为回差电压，记为 ΔU，

$$\Delta U = U_T - U'_T = \frac{R_2}{R_1 + R_2}(U_{om} + U_{om})$$

5.2.3　专用比较器介绍

采用运算放大器来构成比较器，要求运算放大器具有很高的开环电压放大倍数和较高

的压摆率。然而并非所有的运算放大器都能满足这两个条件，因而在速度要求较高的场合，可以采用专用集成电压比较器。专用集成电压比较器的种类很多，这里给大家介绍几种常用的比较器，如表 5.1 所示。

表 5.1 专 用 比 较 器

专 用 比 较 器	管 脚 和 封 装
AD790 AD790 是带输出保持的单比较器芯片。当输出保持为低时，输出状态不受输入的影响 供电电压±15 V，功耗 250 mW，输入电压范围±16 V，输出电压的高低由数字电源决定，可以和 TTL/CMOS 直接连接，工作温度−60～125℃	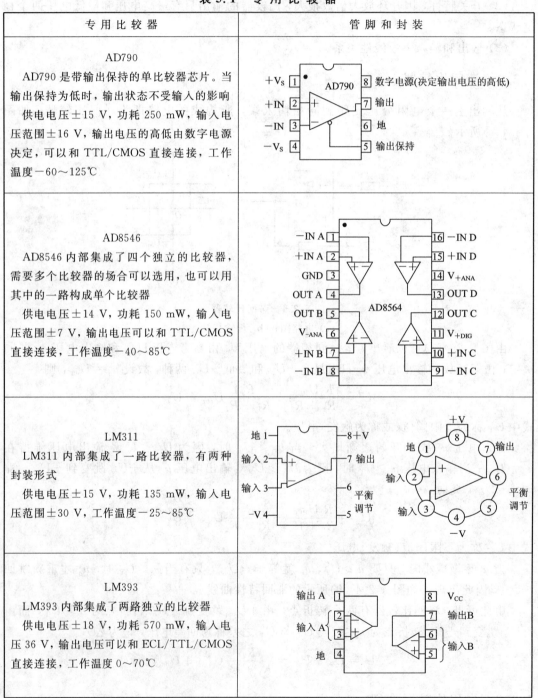
AD8546 AD8546 内部集成了四个独立的比较器，需要多个比较器的场合可以选用，也可以用其中的一路构成单个比较器 供电电压±14 V，功耗 150 mW，输入电压范围±7 V，输出电压可以和 TTL/CMOS 直接连接，工作温度−40～85℃	
LM311 LM311 内部集成了一路比较器，有两种封装形式 供电电压±15 V，功耗 135 mW，输入电压范围±30 V，工作温度−25～85℃	
LM393 LM393 内部集成了两路独立的比较器 供电电压±18 V，功耗 570 mW，输入电压 36 V，输出电压可以和 ECL/TTL/CMOS 直接连接，工作温度 0～70℃	

5.3　模拟乘法器及其应用

5.3.1　模拟乘法器的基本原理

乘法器是一种广泛使用的模拟集成电路，它可以实现乘、除、开方、乘方、调幅等功能，广泛应用于模拟运算、通信、测控系统、电气测量和医疗仪器等许多领域。

1. 模拟乘法器电路的基本原理

模拟乘法器是一种能实现模拟量相乘的集成电路，这种集成电路的输出电压 u_o 与两个输入电压的乘积成正比，设 u_o 为输出，u_X、u_Y 分别为两路输入，则

$$u_o = K u_X u_Y$$

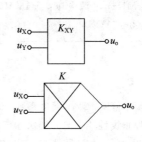

式中 K 为比例因子，其量纲为 V^{-1}。模拟乘法器的符号如图 5.3.1 所示。

对于乘法器，要求 $u_X \geqslant 0$ 或 $u_Y \geqslant 0$ 的称为二象限乘法器，对 u_X 和 u_Y 没有正负限制的称为四象限乘法器。

图 5.3.1　模拟乘法器符号

2. 集成模拟乘法器的主要参数

模拟乘法器的主要参数与运放有许多相似之处，分为直流参数和交流参数两大类。

1）输出失调电压 u_{oo}

输出失调电压指当 $u_X = u_Y = 0$ 时，u_o 不等于 0 的数值。

2）满量程总误差

满量程总误差指当 $u_X = V_{Xmax}$，$u_Y = V_{Ymax}$ 时，实际的输出与理想输出的最大相对偏差的百分数。

3）馈通误差

馈通误差指当模拟乘法器有一个输入端等于 0，另一个输入端加规定幅值的信号时，输出不为 0 的数值。当 $u_X = 0$，u_Y 为规定值时，$u_o = E_{Yf}$，称为 Y 通道馈通误差；当 u_X 为规定值，$u_Y = 0$ 时，$u_o = E_{Xf}$，称为 X 通道馈通误差。

4）非线性误差 E_{NL}

非线性误差指模拟乘法器的实际输出与理想输出之间的最大偏差占理想输出最大幅值的百分比。

5）小信号带宽 BW

小信号带宽指随着信号频率的增加，乘法器的输出下降到低频时的 0.707 倍处所对应的频率。

6）转换速率 S_R

转换速率指将乘法器接成单位放大倍数放大器，输出电压对大信号方波输入的响应速率。与运放中该参数相似。

3. 集成模拟乘法器

集成模拟乘法器在使用时,在它的外围还需要有一些元件支持。早期的模拟乘法器,外围元件很多,使用不便,后期的模拟乘法器外围元件就很少了。

现在有多种模拟乘法器的产品可供选用,表5.2中给出了几个例子。

表 5.2　集成模拟乘法器

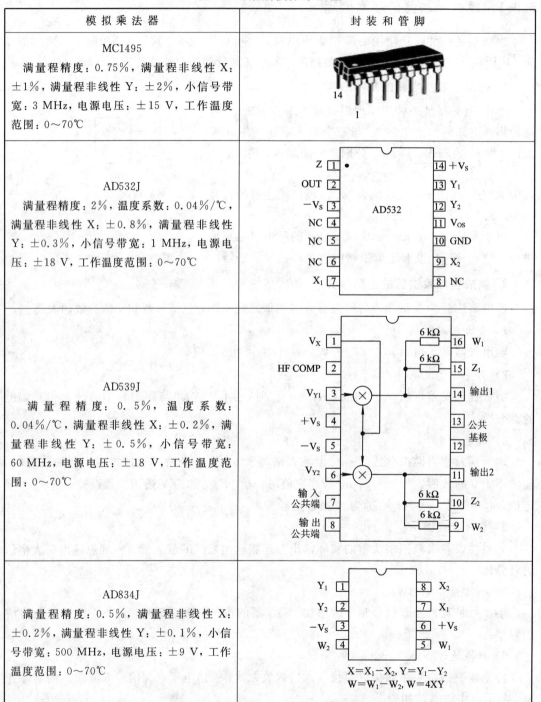

模 拟 乘 法 器	封 装 和 管 脚
MC1495 满量程精度:0.75%,满量程非线性 X:±1%,满量程非线性 Y:±2%,小信号带宽:3 MHz,电源电压:±15 V,工作温度范围:0～70℃	
AD532J 满量程精度:2%,温度系数:0.04%/℃,满量程非线性 X:±0.8%,满量程非线性 Y:±0.3%,小信号带宽:1 MHz,电源电压:±18 V,工作温度范围:0～70℃	
AD539J 满量程精度:0.5%,温度系数:0.04%/℃,满量程非线性 X:±0.2%,满量程非线性 Y:±0.5%,小信号带宽:60 MHz,电源电压:±18 V,工作温度范围:0～70℃	
AD834J 满量程精度:0.5%,满量程非线性 X:±0.2%,满量程非线性 Y:±0.1%,小信号带宽:500 MHz,电源电压:±9 V,工作温度范围:0～70℃	

5.3.2　乘法器的应用电路

1. 乘积和乘方运算电路

1）相乘运算

模拟乘法运算的电路如图 5.3.2 所示。输出

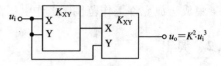

$$u_o = K u_X u_Y$$

2）乘方和立方运算

将相乘运算电路的两个输入端并联在一起构成乘方运算电路，图 5.3.2　模拟相乘器
如图 5.3.3 所示。立方运算电路如图 5.3.4 所示。

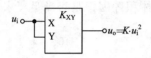

图 5.3.3　平方运算电路　　　　　　　　　　图 5.3.4　立方运算电路

2. 除法运算电路

除法运算电路如图 5.3.5 所示，它是由一个运算
放大器和一个模拟乘法器组合而成的。

根据运放虚断的特性，有

$$i_1 = i_2$$

$$\frac{u_i}{R_1} = -\frac{u_{o1}}{R_2}$$

$$u_{o1} = K u_o u_Y$$

$$u_o = -\frac{R_2}{K R_1}\frac{u_i}{u_Y}$$

如果令 $K = R_2/R_1$，则

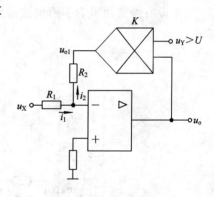

图 5.3.5　除法运算电路

$$u_o = -\frac{u_i}{u_Y}$$

5.4　集成运放使用中的几个问题

5.4.1　选型

集成运算放大器是模拟集成电路中应用最广泛的一种器件。在由运算放大器组成的各种系统中，由于应用要求不一样，对运算放大器的性能要求也不一样。

在没有特殊要求的场合，尽量选用通用型集成运放，这样既可降低成本，又容易保证货源。当一个系统中使用多个运放时，应尽可能选用多运放集成电路，例如 LM324、LF347 等都是将四个运放封装在一起的集成电路。

评价集成运放性能的优劣，应看其综合性能。一般用优值系数 K 来衡量集成运放的优良程度，其定义为

$$K = \frac{S_R}{I_{ib} \cdot U_{os}}$$

式中，S_R 为转换率，单位为 V/μs，其值越大，表明运放的交流特性越好；I_{ib} 为运放的输入偏置电流，单位是 nA；U_{os} 为输入失调电压，单位是 mV。I_{ib} 和 V_{os} 值越小，表明运放的直流特性越好。所以，对于放大音频、视频等交流信号的电路，选 S_R（转换速率）大的运放比较合适；对于处理微弱的直流信号的电路，选用精度比较高（即失调电流、失调电压及温漂均比较小）的运放比较合适。

实际选择集成运放时，除优值系数要考虑之外，还应考虑其他因素。例如信号源的性质，是电压源还是电流源；负载的性质，集成运放输出电压和电流的是否满足要求；环境条件，集成运放允许工作范围、工作电压范围、功耗与体积等因素是否满足要求，等等。

5.4.2 调零

由于集成运放的输入失调电压和输入失调电流的影响，当运算放大器组成的线性电路输入信号为 0 时，输出往往不等于 0。为了提高电路的运算精度，要求对失调电压和失调电流造成的误差进行补偿，这就是运算放大器的调零。常用的调零方法有内部调零和外部调零。对于没有内部调零端子的集成运放，要采用外部调零方法。常用调零电路如图 5.4.1 所示。

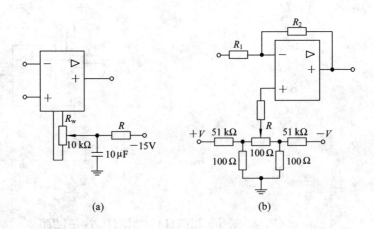

图 5.4.1　运算放大器的常用调零电路
(a) 内部调零电路；(b) 外部调零电路

5.4.3 保护

集成运放的安全保护有三个方面：电源保护、输入保护和输出保护。

1）电源保护

电源的常见故障是电源极性接反和电压跳变，与之相应的保护电路见图 5.4.2 所示。对于性能较差的电源，在电源接通和断开瞬间，往往出现电压过冲。图 5.4.2(b)中采用

FET 电流源和稳压管钳位保护，稳压管的稳压值大于集成运放的正常工作电压而小于集成运放的最大允许工作电压。FET 管的电流应大于集成运放的正常工作电流。

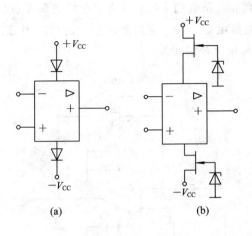

图 5.4.2　集成运放电源保护电路

（a）电源反接保护；（b）电源电压突变保护

2）输入保护

集成运放的输入差模电压过高或者输入共模电压过高（超出该集成运放的极限参数范围），集成运放也会损坏。图 5.4.3 所示是典型的输入保护电路。

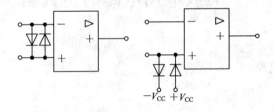

图 5.4.3　集成运放输入保护电路

3）输出保护

当集成运放过载或输出端短路时，若没有保护电路，运放就可能会损坏。有些集成运放内部设置了限流保护或短路保护，使用这些器件时不需再加输出保护。对于内部没有限流或短路保护的集成运放，可以采用图 5.4.4 所示的输出保护电路。在图 5.4.4 所示的电路中，当输出保护时，由电阻 R 起限流保护作用。

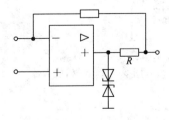

图 5.4.4　集成运放输出保护电路

5.4.4 消振

运算放大器是一个高放大倍数的多级放大器，在接成深度负反馈条件下，很容易产生自激振荡。为使放大器能稳定地工作，就需外加一定的频率补偿网络，以消除自激振荡。图 5.4.5 中的电容 C 即是相位补偿元件。

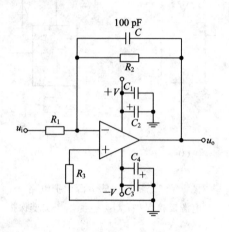

图 5.4.5　运算放大器的自激振荡消除

5.5　运放应用电路的仿真实验

1. 反相放大器

按图 5.5.1 连接电路。

（1）观察示波器波形；

（2）估算放大倍数。

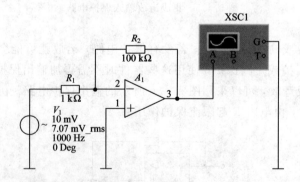

图 5.5.1　反相放大器

2. 同相放大器

按图 5.5.2 连接电路。

（1）观察示波器波形；

（2）估算放大倍数。

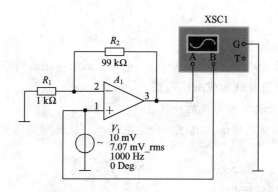

图 5.5.2　同相放大器

3. 波形整形电路

按图 5.5.3 连接电路。

（1）观察示波器波形；

（2）计算上、下门限，并与仿真结果比较。

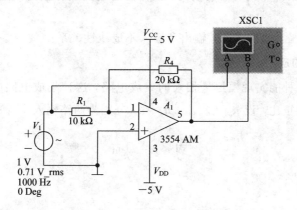

图 5.5.3　波形整形电路

本 章 小 结

1. 理想运放的线性运用

1）反相放大电路

电压放大倍数

$$A_u = \frac{u_o}{u_i} = -\frac{I_f R_f}{I_1 R_1} \approx -\frac{R_f}{R_1}$$

输入电阻为

$$R_i = R_1$$

2）同相放大电路

电压放大倍数为

$$A_u = \frac{u_o}{u_i} = \left(1 + \frac{R_f}{R_1}\right)$$

3）和、差运算电路

求和电路可分为反相求和电路和同相求和电路，减法电路也可以理解为求和电路的一种特例，当加上一个负值时就构成减法电路。

4）反相积分电路及其输出电压的计算

积分运算电路的功能是将输入电压积分之后输出，其典型关系如下：

$$u_o = -\frac{1}{RC}\int_0^t u_i \, \mathrm{d}t$$

2. 理想运放的非线性运用

电压比较器是运放处于开环工作状态，U_{om} 为运放输出的最大饱和电压。此时运放具有的特点是：当 $u_+ > u_-$ 时，$u_o = U_{om}$；当 $u_+ < u_-$ 时，$u_o = -U_{om}$。

比较器的基本特点如下：

（1）工作在开环或正反馈状态。

（2）开关特性，因开环放大倍数很大，比较器的输出只有最高电压和最低电压两个稳定状态。

（3）非线性，因是大幅度工作，输出和输入不成线性关系。

3. 模拟乘法器的应用

模拟乘法器是一种能实现模拟量相乘的集成电路，这种集成电路的输出电压 u_o 与两个输入电压的乘积成正比，设 u_o 为输出，u_X、u_Y 分别为两路输入，则 $u_o = K u_X u_Y$。

习　题

5-1　填空题。

（1）虚地是反相输入端的电位近似_____地电位。

（2）同相放大电路接成电压跟随器形式时，电路中输出电压_____输入电压，电压放大倍数等于_____。

（3）电流—电压变换器是将输入电流变换成与输入电流成正比的_____输出。

（4）电压—电流变换器是将输入电压变换成与该电压成正比的_____输出。

（5）运放处于开环工作状态下，当_____时，$u_o = U_{om}$；当_____时，$u_o = -U_{om}$。

（6）模拟乘法器的两路输入分别为 u_X、u_Y，$u_o = $_____。

5-2　在题 5-2 图所示的反相比例运算电路中，设 $R_1 = 10\ \mathrm{k\Omega}$，$R_f = 500\ \mathrm{k\Omega}$。若 $u_i = 10\ \mathrm{mV}$，计算：

（1）电压放大倍数 A_u；

（2）u_o。

5-3　在题 5-3 图所示的同相放大电路中，已知 $R_1 = 2\ \mathrm{k\Omega}$，$R_f = 10\ \mathrm{k\Omega}$，试计算：

（1）电压放大倍数 A_u；

（2）u_o。

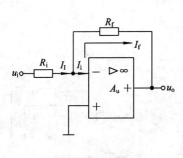
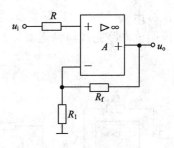

题 5-2 图　　　　　　　　　　　　题 5-3 图

5-4　反相求和电路如题 5-4 图所示，已知 $R_{i1}=1$ kΩ，$R_{i2}=2$ kΩ，$R_f=20$ kΩ。

(1) 试写出 u_o 与 u_i 的运算关系式。

(2) 说明此电路完成何种运算。

5-5　在题 5-5 图所示电路中，已知 $R_f=2R_1$，$u_i=0.2$ V，则输出电压为多少？

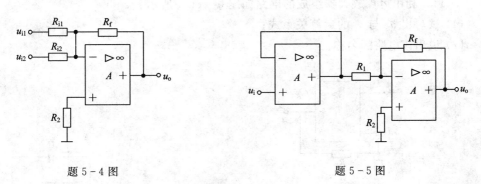

题 5-4 图　　　　　　　　　　　题 5-5 图

5-6　求题 5-6 图所示的电路中 u_o 与各输入电压的运算关系式，试说明该电路完成何种功能。

5-7　求如题 5-7 图所示电路的 u_o 与 u_i 的运算关系式。

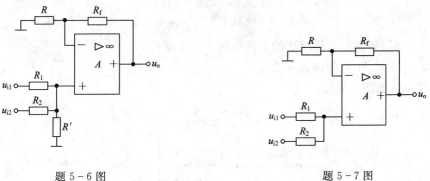

题 5-6 图　　　　　　　　　　　题 5-7 图

5-8　在题 5-8 图中，利用两个运算放大器组成的具有较高输入电阻的差动放大电路，求 u_o 与 u_{i1}、u_{i2} 的运算关系式。

5-9 如题5-9图所示为一利用运算放大器组成的电路。

(1) 试写出 u_o 与 u_i 的运算关系式；

(2) 说明该电路完成何种运算。

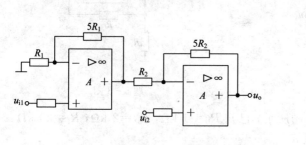

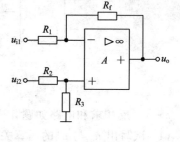

题 5-8 图　　　　　　　　　　　　　　　　题 5-9 图

5-10 电路如题5-10图所示，已知 $u_i = 0.5$ V，$R_1 = R_2 = 10$ kΩ，$R_3 = 2$ kΩ，求 u_o。

5-11 利用运算放大器组成的电路如题5-11图所示。

(1) 试写出 u_o 与 u_i 的运算关系式；

(2) 说出该电路的名称。

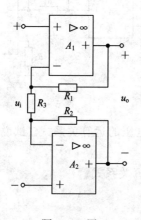

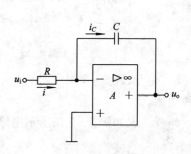

题 5-10 图　　　　　　　　　　　　　　　题 5-11 图

5-12 利用运算放大器组成的电路如题5-12图所示。

(1) 试写出 u_o 与 u_i 的运算关系式；

(2) 说出该电路的名称。

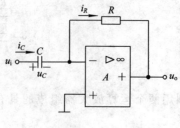

题 5-12 图

5-13　电路如题 5-13 图所示，写出输出电流 i_o 的表达式。

5-14　电路如题 5-14 图所示，写出输出电压 u_o 的表达式。

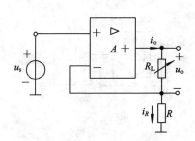

题 5-13 图

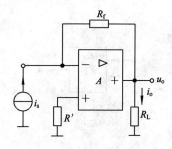

题 5-14 图

5-15　运算放大器的最大输出电压 $U_{om}=\pm12$ V，稳压管的稳定电压 $U_Z=6$ V，其正向压降 $U_D=0.7$ V，参考电压 $U_{REF}=3$ V。

（1）试画出传输特性；

（2）当 $u_i=12\sin\omega t$ V 时，画出输出电压 u_o 的波形。

5-16　运算放大器的最大输出电压 $U_{om}=\pm12$ V，稳压管的稳定电压 $U_Z=6$ V，其正向压降 $U_D=0.7$ V，参考电压 $U_{REF}=-3$ V。

（1）试画出传输特性；

（2）当 $u_i=12\sin\omega t$ V 时，画出输出电压 u_o 的波形。

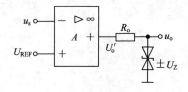

图题5.15

题 5-15 图

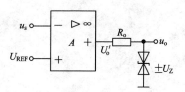

题 5-16 图

5-17　运算放大器的最大输出电压 $U_{om}=-12$ V，稳压管的稳定电压 $U_Z=6$ V，其正向压降 $U_D=0.7$ V，参考电压 $U_{REF}=6$ V。

（1）试画出传输特性；

（2）当 $u_i=12\sin\omega t$ V 时，画出输出电压 u_o 的波形。

5-18　题 5-18 图所示是应用运算放大器测量电阻的原理电路，输出端接电压表。当电压表指示 -5 V 时，求被测电阻 R_f。

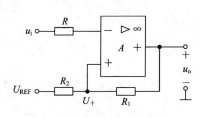

题 5-17 图

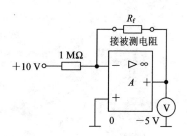

题 5-18 图

5-19　乘法器应用电路如题 5-19 图所示，写出输出 u_o 的表达式。

5-20　乘法器应用电路如题 5-20 图所示，写出输出 u_o 的表达式。

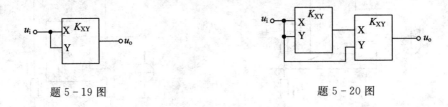

题 5-19 图　　　　　　　　　　题 5-20 图

第 6 章　低频功率放大器

在实际电路中，往往要求放大电路末级（即输出级）输出一定的功率以驱动负载。能够向负载提供足够功率的放大电路称为功率放大器，简称功放。功率放大器的应用十分广泛，如驱动扬声器、计算机显示器和电机等。

功率放大器以获得输出功率为直接目的。它的一个基本问题就是在电源一定的条件下能输出多大的信号功率。功率放大器既要有较大的输出功率，也要求电源供给更大的注入功率。因此，功放的另一基本问题是工作效率问题，即有多少注入功率能转换成信号功率。另外，功放在大信号下的失真，大功率运行时的热稳定性等问题也是需要研究和解决的。

6.1　低频功率放大器的特点和分类

6.1.1　功率放大器的特点

功率放大器作为放大器的输出级具有以下特点：

（1）功率放大器的主要任务是在电源电压确定的情况下，输出尽可能大的功率。

（2）功率放大器的输入信号和输出信号都较大，工作在大信号状态，工作动态范围大。

（3）由于输出信号幅度较大，使三极管工作在饱和区与截止区的边沿，因此输出信号存在一定程度的失真。

（4）功率放大器在输出功率的同时，三极管也会消耗一定的能量，因此就必须考虑在降低管耗的同时如何提高功率放大器的效率。否则，不仅会造成能源浪费，还会造成功率管工作不安全。

总之，对功率放大器的要求是：在效率高、非线性失真小、安全工作的前提下，向负载提供足够大的功率。

6.1.2　低频功率放大器的分类

根据静态工作点 Q 在三极管输出特性曲线上的位置不同，可将低频功率放大器分为甲类、乙类、甲乙类三种。Q 点放大区中间位置的称为甲类功放，在输入信号的整个周期内，三极管都处于放大状态，输出的是完整信号，如图 6.1.1(a) 所示。Q 点在截止区即 $I_{BQ}=0$ 处的为乙类功放，输入信号的整个周期内，三极管是半个周期在放大区工作，另半个周期在截止区，放大器只有半波输出，如图 6.1.1(b) 所示。甲乙类功放是介于甲类和乙类之间的一类功率放大器，其 Q 点在放大区，但又靠近截止区，在输入信号的一个周期里，工作时间大于半周，小于一周，如图 6.1.1(c) 所示。

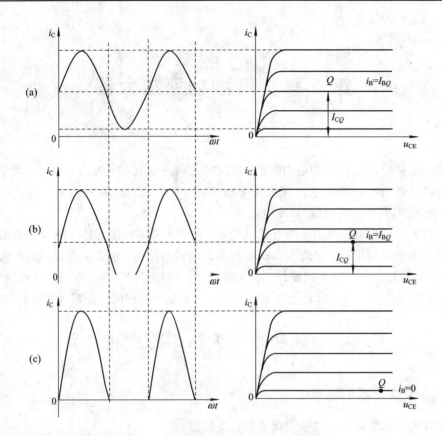

图 6.1.1　功放电路的三种工作状态
（a）甲类放大；（b）甲乙类放大；（c）乙类放大

6.2　集成功放核心电路及其工作原理

　　功率放大器有多种形式，实际应用中的功率放大器，大多数已做成了集成电路，称为集成功率放大器。这里主要介绍几种常见功率放大器的内部核心电路及其工作原理。

6.2.1　OCL 电路

1. 电路构成及工作原理

　　图 6.2.1 所示是双电源乙类互补功率放大器的原理电路。图中 V_{T1} 和 V_{T2} 是特性参数完全相同的 PNP 型和 NPN 型三极管，由于它们的特性相近，故称为互补对称管。

　　静态时，两只三极管均截止，$I_{BQ}=0$，$I_{CQ}=0$，K 点的电位 $U_K=0$ V，输出电压 $u_o=0$，电路不消耗功率；交流信号输入时，两管轮流导通工作，相互补充，既避免了输出波形的严重失真，又提高了电路的效率。

　　由于两管互补对方的不足，工作性能对称，因此这种电路通常被称为互补对称电路。

　　详细的工作过程分析如下：

　　当 $u_i>0$ 时，V_{T1} 管导通，V_{T2} 管截止，$+V_{CC}$ 供电，电路为共集电极形式，V_{T1} 管发射极

电流 i_{E1} 从上至下流过 R_L，电流如图 6.2.1 中实线所示，形成正半周输出电压，且 $u_o \approx u_i$；当 $u_i < 0$ 时，V_{T1} 管截止，V_{T2} 管导通，$-V_{CC}$ 供电，电路也为共集电极形式，V_{T2} 管发射极电流 i_{E2} 从下至上流过 R_L，电流如图中虚线所示，形成负半周输出电压，且 $u_o \approx u_i$。

可见，在输入信号 u_i 的一个周期内，V_{T1}、V_{T2} 管交替工作，正、负电源交替供电，流过负载的电流方向相反，从而形成完整的正弦波，实现了输出与输入之间双向跟随。由于不同类型的两只三极管（V_{T1} 和 V_{T2}）交替工作，即一个"推"，一个"挽"，且均组成射极输出器，互相补充，故这类电路又称为互补对称推挽电路。

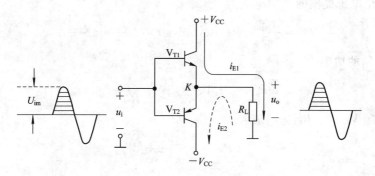

图 6.2.1　双电源乙类互补对称功率放大电路

2. 主要参数计算

1）输出功率 P_o。

在输入正弦信号作用下，功率放大器的输出功率为负载上得到的电压有效值 U_o 与电流有效值 I_o 的乘积。如果不考虑电路失真，在负载 R_L 两端获得的电压和电流均为正弦信号。

由于图 6.2.1 中的 V_{T1}、V_{T2} 可以看成工作在共集电极电路状态，$A_u \approx 1$，故输入正弦电压的振幅 U_{im} 就等于输出正弦电压的振幅 U_{om}，即 $U_{im} = U_{om}$，这样可以得到电路的输出功率 P_o：

$$P_o = U_o I_o = \frac{U_{om}}{\sqrt{2}} \cdot \frac{I_{om}}{\sqrt{2}} = \frac{1}{2} \frac{U_{om}^2}{R_L} \approx \frac{1}{2} \frac{U_{im}^2}{R_L} \qquad (6.2.1)$$

由式（6.2.1）可见，输入信号 U_{im} 越大，输出电压 U_{om} 越大，输出功率 P_o 越高，当三极管进入饱和区时，输出电压 U_{om} 最大，为

$$U_{omax} = V_{CC} - U_{CES}$$

若忽略 U_{CES}，则

$$U_{omax} \approx V_{CC}$$

可得电路最大不失真输出功率为

$$P_{omax} = \frac{1}{2} \frac{(V_{CC} - U_{CES})^2}{R_L} \approx \frac{1}{2} \frac{V_{CC}^2}{R_L} \qquad (6.2.2)$$

2）直流电源供给的功率 P_E

在 OCL 电路中，总电源的供给功率为两个电源供给功率之和。由于每个电源仅在信号的一个半周提供电流，另一个半周电流为 0，故流过每个电源的电流如图 6.2.2 所示。

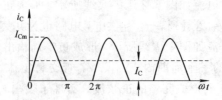

图 6.2.2 集电极电流波形图

这样，每个电源提供的平均电流为

$$I_C = \frac{1}{2\pi}\int_0^\pi I_{Cm}\sin(\omega t)\mathrm{d}(\omega t) = \frac{I_{Cm}}{\pi} = \frac{U_{om}}{\pi R_L}$$

因此总电源供给的功率为

$$P_E = 2I_C V_{CC} = \frac{2}{\pi}\frac{U_{om}V_{CC}}{R_L} \tag{6.2.3}$$

显然，当 $U_{omax}\approx V_{CC}$ 时，P_E 达到最大

$$P_{Emax} = \frac{2}{\pi}\frac{V_{CC}^2}{R_L} \tag{6.2.4}$$

3）集电极效率 η_C

集电极效率 η_C 定义为输出功率 P_o 与电源供给功率 P_E 的比，即

$$\eta_C = \frac{P_o}{P_E} = \frac{\pi}{4}\frac{U_{om}}{V_{CC}} = \frac{\pi}{4}\xi \tag{6.2.5}$$

式中，$\xi = U_{om}/V_{CC}$，称为电压利用系数。由式(6.2.5)可知，OCL 电路的集电极效率与电压利用系数 ξ 成正比。理想条件下，$V_{CC} = U_{om}$，$\xi = 1$ 时，效率最高，即

$$\eta_{Cmax} = \frac{\pi}{4} = 78.5\% \tag{6.2.6}$$

而在实际应用中，考虑到管子的饱和压降，ξ 值不可能达到 1，因此集电极效率 η_C 小于 78.5%。

4）管耗 P_C

管耗是指每个管子集电极消耗的功率。因电源供给的功率 P_E 扣除输出功率 P_o 为两只三极管消耗的功率，故管耗为

$$P_C = \frac{1}{2}(P_E - P_o) \tag{6.2.7}$$

由此可以推导出每只管子消耗功率的最大值为

$$P_{Cmax} = \frac{2}{\pi^2}P_{omax} \approx 0.2P_{omax} \tag{6.2.8}$$

6.2.2 OTL 电路

1. 电路构成及工作原理

图 6.2.3 所示为一个 OTL 电路，V_{T1} 和 V_{T2} 组成互补对称电路输出级。静态时，只要给 V_{T1} 和 V_{T2} 提供一个合适的偏置，就能使 K 点电位 $U_K = V_{CC}/2$。

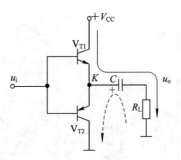

图 6.2.3　OTL 电路

当加上信号 u_i 时，在信号的正半周，V_{T1} 导通 V_{T2} 截止，信号正半周电流回路如图中实线所示，有电流通过负载 R_L，同时向 C 充电；在信号的负半周，V_{T2} 导通，则已充电的电容 C 起着图 6.2.2 中电源 $-V_{CC}$ 的作用，通过负载 R_L 放电。只要选择时间常数 $R_L C$ 足够大（比信号的最长周期还大得多），就可以认为用电容 C 可代替原来 $-V_{CC}$ 电源的作用。V_{T2} 导通时信号负半周电流回路如图中虚线所示。OTL 电路的输出功率、效率、功耗等的计算与 OCL 功放基本相同，只需用 $V_{CC}/2$ 取代公式中的 V_{CC} 即可，即

$$P_{omax} = \frac{1}{2} \frac{\left(\dfrac{V_{CC}}{2} - V_{CES} \right)^2}{R_L} \approx \frac{1}{8} \frac{V_{CC}^2}{R_L}$$

$$P_{Emax} = \frac{2}{\pi} \frac{\dfrac{V_{CC}}{2} - V_{CES}}{R_L} \frac{V_{CC}}{2} \approx \frac{1}{2\pi} \frac{V_{CC}^2}{R_L}$$

$$\eta_{Cmax} = 78.5\%$$

$$P_{Cmax} \approx 0.2 P_{omax}$$

2. 电路特点

OTL 电路具备以下特点：

（1）静态时 R_L 上无电流。

（2）仅需使用单电源，但增加了电容器 C，C 的选择要满足 $\tau = R_L C$ 足够大（比 u_i 的最大周期还要大得多）。

（3）静态时 $u_K = V_{CC}/2$。

6.2.3　功放的其他问题

1. 交越失真及其解决办法

乙类互补电路具有电路简单，效率高等特点。但由于三极管的 $I_{CQ} = 0$，因此在输入信号幅度较小时，不可避免地要产生非线性失真——交越失真，如图 6.2.4 所示。

产生交越失真的原因是功率三极管处于零偏置状态，即 $U_{BE1} + U_{BE2} = 0$。为消除交越失真，可以给每个三极管一个很小的静态电流，这样既能减少交越失真，又不致使功率和效率有太大影响。也就是说，电路在甲乙类状态下工作，如图 6.2.5 所示。

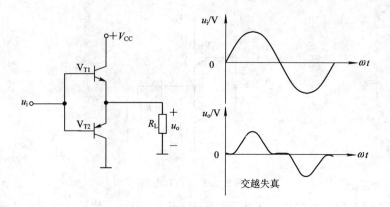

图 6.2.4 交越失真

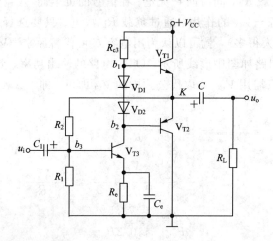

图 6.2.5 消除交越失真的 OTL 电路

2. 平衡式功放电路介绍

为了获得足够大的输出功率，OTL 或者 OCL 电路就需要较高的直流电压供电。对于便携式设备来说，这就需要携带较多的电池，增加了重量。为此人们研究出了低电源电压条件下输出大功率的电路——平衡式无变压器电路（Balanced Transformer Less），又称 BTL 电路，如图 6.2.6 所示。

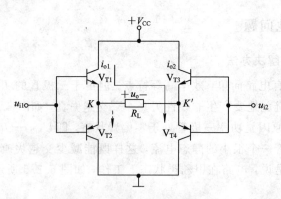

图 6.2.6 BTL 功放原理电路

BTL 电路由两个互补电路组成，静态时，K 和 K' 电位相同，即

$$u_K = u_{K'} = V_{CC}/2$$

这样没有直流电流流过负载 R_L。

如果在放大器的两个输入端分别加一对大小相等，相位相反的信号，当 u_{i1} 为正半周期，u_{i2} 为负半周期时，V_{T1}、V_{T4} 管导通，若忽略管子的饱和管压降，则负载 R_L 上输出电压的最大幅度为 V_{CC}；当 u_{i1} 为负半周期，u_{i2} 为正半周期时，V_{T2}、V_{T3} 管导通，R_L 上得到负半周信号，R_L 上输出电压的最大幅度同样为 V_{CC}。可见，在相同的负载和电源电压的条件下，BTL 电路的输出功率可达 OTL 电路的 4 倍。BTL 电路虽为单电源供电，却不需要输出耦合电容，输出端和负载可直接连接，它具备 OTL 和 OCL 电路的所有优点。

6.3 常用集成功放及其应用

自 1967 年研制成功第一块音频功率放大器集成电路以来，在短短的几十年的时间内，其发展速度和应用是惊人的。目前约 95% 以上的音响设备上的音频功率放大器都采用了集成电路，且音频功率放大器集成电路的产品品种已达到几百种。从输出功率容量来看，已从不到 1 W 的小功率放大器，发展到几百瓦的大功率集成功率放大器；从电路的功能来看，已从单声道的单路输出集成功率放大器发展到多声道、多路输出且带有数字音量控制、静音控制等全功能音频功率放大器；从电路的结构来看，已从一般的 OCL、OTL 功率放大器集成电路发展到功耗更低的开关功率放大器(俗称数字功放)等多种功率放大器。

集成功率放大器具有体积小、工作稳定、易于安装和调试的优点，了解其外特性和外部线路的连接方法，就能组成实用电路，因此得到了广泛的应用。

常见的音频集成功放主要有三家公司的产品：① 美国国家半导体公司(NS)，代表产品有 LM1875、LM1876、LM3876、LM3886 等；② 荷兰飞利浦公司(PHILIPS)，代表产品是 TDA15XX 系列，比较著名的是 TDA1514 及 TDA1521；③ 意—法微电子公司(SGS)，比较著名的是 TDA20XX 系列及 DMOS 管的 TDA7294、TDA7295、TDA7296。

6.3.1 单通道集成功率放大器 TDA2030

1. TDA2030 简介

TDA2030 的外引线如图 6.3.1 所示。1 脚为同相输入端，2 脚为反相输入端，4 脚为输出端，3 脚接负电源，5 脚接正电源。其特点是引脚和外接元件少。

TDA2030 的外特性：电源电压范围为 $\pm 6 \sim \pm 18$ V，静态电流小于 60 μA；频响为 10 Hz~140 kHz，谐波失真小于 0.5%；在 $V_{CC} = \pm 14$ V，$R_L = 4$ Ω 时，输出功率为 14 W。

2. TDA2030 应用电路

TDA2030 除了正、负电源引脚外，只有三个引脚：同相输入、反相输入和输出，可见，这种功率放大器就像第 3

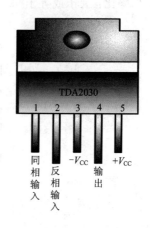

图 6.3.1 TDA2030 的外引线

章学习的运算放大器一样，故称为功率运放。TDA2030 的应用也同运放应用电路一样，可以接成同相放大器、反相放大器，一般连接成同相放大器，其基本电路连接如图 6.3.2 所示，图中 R_1、R_2 确定电压放大倍数。信号从 1 脚同相端输入，4 脚输出端向负载扬声器提供信号功率，使扬声器发出声响，R_4、C 串联后与扬声器 R_L 并联，用以改善扬声器阻抗的频率特性，使放大器的总负载尽可能接近纯电阻，可以清除放大器的自激振荡和改善放大器的频率特性。

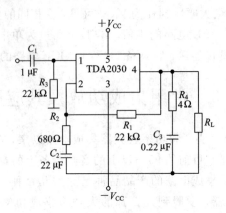

图 6.3.2　TDA2030 典型应用电路图

6.3.2　单通道大功率集成电路 LM3886

1. LM3886 简介

LM3886 是美国国家半导体公司（NS 公司）新出的一款带过压、过高温保护并且具有静噪功能的 68 W 单声道高保真功率放大器，它的外形封装及其管脚如图 6.3.3 所示，它的外观如图 6.3.4 所示。其主要电气参数如下。

供电：直流 20～84 V。

功率：电源电压 ±28 V，负载 4 Ω 的条件下能够连续输出 68 W 的功率，峰值达到 135 W。

信噪比：大于或等于 92 dB。

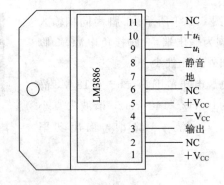

图 6.3.3　LM3886 外形封装

图 6.3.4 LM3886 实物图

2. LM3886 应用电路

LM3886 的典型应用电路如图 6.3.5 所示。

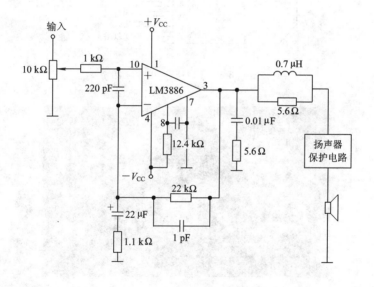

图 6.3.5 LM3886 典型应用电路

LM3886 的供电电压最小为 10 V。LM3886 的 8 脚为静音控制端，当流过该脚的电流大于 1 mA 时，输出电路执行静音操作，输出端无信号输出。

6.3.3 双通道功放 LM1876

1. LM1876 简介

LM1876 为美国 NS 公司的一款双声道 30×2 的高保真音频功放电路，由于芯片内部集成了两个独立的功率放大电路，故称为双通道。LM1876 采用带散热金属后背的 TO-220 形式封装，如图 6.3.6 所示，LM1876 有 15 个引脚，每个通道的正电源端独立引出，两个通道共用负电源端。每个通道的静音控制 MUTE 端和待机控制 STANDBY 端均独立引出，当这两个端子输入低电压小于或等于 0.8 V 时，芯片处于正常放大状态；当输入高电压大于或等于 2 V 时，芯片处于静音模式或待机模式。由 LM1876 构成的功率放大器实物图如图 6.3.7 所示。LM1876 的主要电气参数如下。

电压范围：$|V_{CC}| + |V_{EE}| = 20 \sim 64$ V。

总谐波失真＋噪声：当 $V_{CC} = V_{EE} = 20$ V，每声道输出平均功率为 15 W，负载为 8 Ω 时为 0.08%。

转换速率：典型值为 18 V/μs。

增益带宽：典型值为 7.5 MHz。

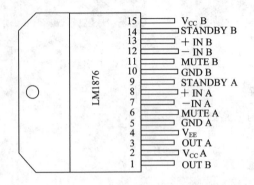

15	V_{CC} B
14	STANDBY B
13	＋IN B
12	－IN B
11	MUTE B
10	GND B
9	STANDBY A
8	＋IN A
7	－IN A
6	MUTE A
5	GND A
4	V_{EE}
3	OUT A
2	V_{CC} A
1	OUT B

图 6.3.6 　LM1876 外形封装

图 6.3.7 　由 LM1876 构成的功率放大器实物图

2. LM1876 应用电路

LM1876 在应用时通常接成同相放大器的形式，双电源供电的典型应用电路如图 6.3.8 所示。对于 LM1876 来说，这是其中一个通道的连接电路。正、负电源端均应接一个 470 μF 以上的大容量电容和 0.1 μF 的电容，以消除高、低频干扰及通过电源内阻所引起的放大器自激，小容量电容选择 CBB 电容为好。电路的电压增益由 R_f 和 R_1 决定，一般选择 10～20 倍左右，增益过大时，电路的稳定性会变差。如果电路的电压增益选择为 10，输出功率为 20 W，负载电阻为 8 Ω，则输出正弦波电压的峰值 $U_{om} = \sqrt{2R_L P_o} = 17.9$ V，这样输入正弦电压的峰值需要达到 1.8 V 左右。

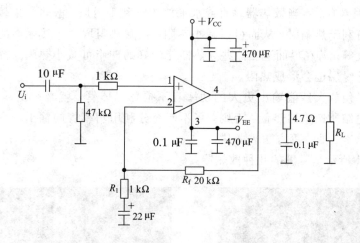

图 6.3.8　LM1876 典型应用电路

6.4　功率器件的散热

　　功率管(包括功率集成电路)是电路中最容易受到损坏的器件。损坏的主要原因是管子的实际耗散功率超过了额定数值。而三极管允许耗散功率的大小取决于管子内部结温 T_j。当 T_j 超过允许值后，电流将急剧增大而使三极管烧坏。一般情况下，硅管允许结温为 $120 \sim 200℃$，锗管为 $85℃$ 左右。

　　耗散功率是指在一定条件下使结温不超过最大允许值时的电流与电压乘积。管子消耗的功率越大，结温越高。要保证管子结温不超过允许值，就必须将产生的热散发出去。散热条件越好，则对应于相同结温允许的管耗越大，输出功率也就越大。

　　在功率管中，集电极损耗的功率是产生热量的来源，它使结温升高。如果不加散热器，三极管依靠本身外壳直接向环境散热，由于管壳小，散热的阻碍大，散热效果差；如果功率管装上散热器，则热量将主要通过散热器向环境散发，散热的阻碍变小，管子允许的 P_{CM} 较大。以 3AD6 为例，不加散热装置时，允许的功耗 P_{CM} 仅为 1 W，如果加 $120 \times 120 \times 4\text{ mm}^3$ 散热板时，则允许的 P_{CM} 可增至 10 W。可见，给功率管加装散热装置，有利于提高管子的允许功耗 P_{CM}。

　　电子器件在散热过程所受到的阻碍作用，用热阻 R_T 表示。热阻 R_T 定义为器件消耗单位功率所产生的温度升高，即

$$R_T = \frac{\Delta T}{\Delta P_C}(℃/W)$$

　　功率管的最大允许耗散功率 P_{CM} 决定于总的热阻 R_T、最高允许结温 T_j 和环境温度 T_a，它们之间的关系为

$$P_{CM} = \frac{T_j - T_a}{R_T}$$

　　在一定的温升下，R_T 小，也就是散热能力强，功率管允许的耗散功率就大；另一方面，在 T_j 和 R_T 一定的条件下，环境温度 T_a 愈低，允许的 P_{CM} 也愈大。

　　实验证明：散热器散热情况(热阻)与散热器的材料及散热面积、厚薄、颜色和散热器

的安装位置等因素有关。当散热器垂直或水平放置时利于通风，散热效果较好；散热器表面钝化涂黑，有利于热辐射，从而可以减小热阻。接触热阻取决于接触面的情况，如面积大小、压紧程度等。若在界面适当涂些导热性能较好的硅脂可减小热阻。当需要与散热器绝缘时，垫入绝缘层也会形成热阻。

因此，为了使放大器能输出更大的功率且不损坏晶体管，就必须给功率管安装散热器，以散发集电结所产生的热量。否则，将不能充分利用功率管的输出功率。必要时还可以采用风冷、水冷、油冷等方法来散热。

如图 6.4.1 所示是常见的几种散热器。

金属外壳散热

电风扇＋金属散热器

铜或铝质散热器

图 6.4.1　常见的几种散热器

6.5　功率放大电路的计算机仿真实验

1. OCL 功率放大电路的仿真

按图 6.5.1 所示连接电路。

（1）首先连接电路，如图 6.5.1(a)所示，接通电源，用示波器在负载 R_L 两端观察输出电压的波形，这时可以看到输出电压存在明显的交越失真。然后将电路改成图 6.5.1(b)所示的形式，输入电压不变，调整 R_w 使交越失真消失。

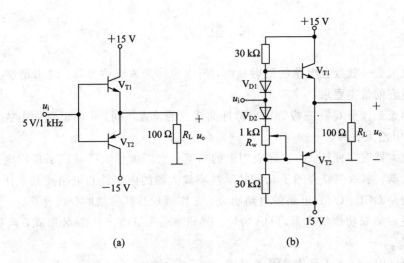

(a)　　　　　　　　　　　　(b)

图 6.5.1　OCL 功率放大电路仿真实验电路

（2）交越失真消失后，逐渐增大输入电压幅度，使输出电压达到不失真的最大值 U_{omax}，然后从示波器中读出 U_{omax} 值的大小，计算该电路最大不失真输出功率 P_{Emax} 并与理想条件下的理论计算值作比较。

2. OTL 功率放大电路的仿真

按图 6.5.2 所示连接电路。

（1）调节静态工作点。首先用直流电压表测量 K 点对地的电压，调整 R_{w1} 使 K 点电位为 $0.5V_{CC}$；然后在输入端加入信号 $u_i = 10$ mV/1 kHz，利用示波器在负载 R_L 两端观测波形，会发现有交越失真现象。然后再调整 R_{w2} 可以减小交越失真直到消失，在调整过程中如果 K 点电位偏离 $0.5V_{CC}$，则再调整 R_{w1} 使 K 点电位始终保持在 $0.5V_{CC}$。至此，静态工作点调整完毕。

（2）测量 OTL 电路的效率 η。当输入信号频率为 1 kHz 时，增大输入信号，测量最大不失真输出电压 U_{om} 的大小，同时测量此时的电源电流 I_s；然后计算最大不失真输出功率，电源供给功率 P_E 以及功放的效率 η，并与理论值相比较。

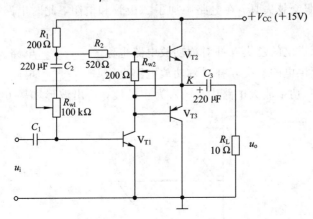

图 6.5.2　OTL 功率放大电路

本 章 小 结

功率放大器一般处在电路的最后一级，所以也称为末级放大器。输出足够大的功率和高效率是对它的基本要求。

根据静态工作点 Q 在三极管输出特性曲线上的位置不同，可将低频功率放大器分为甲类、乙类、甲乙类三种。

功率放大器有多种形式，实际应用中的功率放大器大多数已做成了集成电路，称为集成功率放大器。本章主要介绍了几种常见功率放大器的内部核心电路及其工作原理。需要重点掌握的是 OCL、OTL 电路的电路组成、工作原理及其参数的分析计算。

本章还对集成功率放大器 TDA2030、LM3886、LM1876 的封装形式，典型电路作了介绍。

实际应用中，应该注意功率管的保护，对于常用的保护电路应该有所了解。

习 题

6-1 功率放大器通常位于多级放大器的_____，以驱动负载。

6-2 功率放大器的主要任务是_____。

6-3 功率放大器实际是一种能量转换器，把_____功率尽可能地转化为_____功率输出。

6-4 与一般的电压放大器比较，功率放大器工作在_____状态。

6-5 功率放大器主要追求_____输出功率，_____的效率和尽可能_____的失真。

6-6 按工作状态分，功率放大器分为_____、_____和_____。

6-7 甲类功放的效率较低，理想情况能达到_____，乙类功放与甲类功放比较，管耗_____，效率可达到_____。

6-8 乙类互补推挽功放虽然效率较高，但是存在_____失真。

6-9 为了克服交越失真，在电路中加了二极管和电阻，此时电路工作在_____状态。

6-10 双电源供电的乙类互补对称功放电路也称_____电路。

6-11 单电源供电的乙类互补对称功放电路也称_____电路。

6-12 在 OCL 功率放大电路中，输入为正弦波，输出波形如题 6-12 图所示，说明该电路产生了_____。

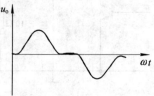

题 6-12 图

　　A. 饱和失真　　　　B. 截止失真　　　　C. 频率失真　　　　D. 交越失真

6-13　为改善上题的输出波形，电路上应该_____。

　　A. 进行相位补偿

　　B. 适当增大功放管的静态 $|U_{BE}|$ 值，使之处于微导通状态

　　C. 适当减小功放管的静态 $|U_{BE}|$ 值，使之处于微导通状态

　　D. 适当增大负载电阻 R_L 的阻值

6-14　什么是功率放大器？

6-15　与一般电压放大器比较，功率放大器有何特殊要求？

6-16　如何区分晶体管是工作在甲类、乙类还是甲乙类？

6-17　甲类功率放大器，信号幅度越小，失真就越小，而乙类功率放大器，信号幅度小时，失真反而明显，请说明理由。

6-18　何谓交越失真？如何克服交越失真？

6-19　功率管为什么有时候用复合管代替？复合管的组成原则是什么？

6-20　功率放大器的主要任务是什么？它与小信号电压放大器相比有哪些不同？

6-21　某互补对称功率放大器，当输出电压的振幅值为最大时，测得输出功率 P_o 为 9 W，每个管子的管耗 P_C 为 1.5 W，问此时电源提供的功率 P_E 为多大？电路的效率 η 为多大？

6-22　对于乙类推挽功放，若要求输出功率 $P_o = 10$ W，则每个管子的 P_{CM} 应该满足什么条件？

6-23　电路如题 6-23 图所示，已知 $V_{CC} = 20$ V，负载 $R_L = 8$ Ω，忽略功率管导通时的饱和管压降，试计算：

（1）在 $U_i = 10$ V（有效值）时，电路的输出功率、管耗、直流电源供给的功率和效率；

（2）该电路的最大输出功率和效率。

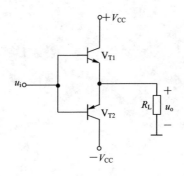

题 6-23 图

6-24　单电源供电的互补对称电路如题 6-24 图所示，已知负载电流振幅 $I_{oM} = 0.45$ A，试求：

（1）负载上获得的功率 P_o；

（2）电源供给的直流功率 P_E；

（3）每个管子的管耗 P_C 及每个管子的最大管耗 P_{Cmax}；

（4）放大器效率 η_C。

（5）电路中 V_{D1}、V_{D2} 的作用是什么？

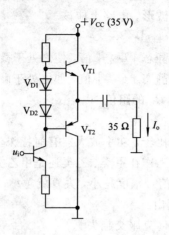

题 6 - 24 图

第 7 章　直流稳压电源

7.1　概　　述

　　输送到家庭、学校和实验室中的民用电源都是 220 V/50 Hz 的交流电，但是，迄今为止我们学习过的电子电路都是采用直流电源供电的，因此必须将 220 V/50 Hz 的交流电转换为低压直流电。

　　图 7.1.1 所示是一个计算机直流稳压电源的实物图。从图（a）中可以清楚地看到有一个接在市电网中的插座，而在图（b）中可见有一组线分接多个插头给计算机中主板、光驱、硬盘等硬件设备，供给直流工作电压。

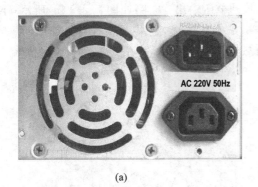
(a)

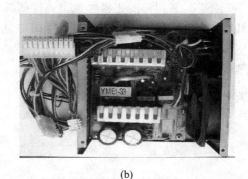
(b)

图 7.1.1　计算机直流电源实物图

（a）计算机电源正面图；（b）计算机电源俯视图

　　本章讨论如何把交流电源变换为直流稳压电源。如图 7.1.2 所示，一般直流电源由以下几部分组成。

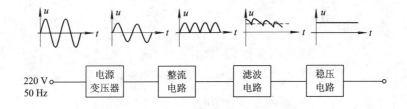

图 7.1.2　直流电源构成框图

（1）电源变压器：可以将 220 V/50 Hz 的市电降压到整流电路所需要的数值。

（2）整流电路：将正负两个极性的交流电压转化为只有一个极性的脉动电压。它在电源电路中位于电源变压器之后，滤波电路之前。

（3）滤波电路：用于滤除脉动电压中所含有的交流成分，使之变成平滑的直流电压。它在电源电路中位于整流电路之后，稳压电路之前。

（4）稳压电路：使整流滤波电路输出不稳定的直流电压保持稳定，不受负载和输入电压变化的影响。

7.2　整流和滤波电路

所谓整流，就是利用二极管的单向导电特性，将具有正负两个极性的交流电压变换成只有一个极性的电压。整流后的单极性电压波动大，不够平滑。严格地说，这不是直流电压，所以需要利用滤波电路滤除交流成分得到比较平滑的直流电压。

整流电路有很多种，这里将讨论半波、全波和桥式整流电路。

7.2.1　半波整流电路

半波整流电路是电源电路中最简单的整流电路，电路中只使用一只二极管。根据电路结构的不同，可以得到正极性或负极性的单向脉动电压输出。电路如图 7.2.1(a)所示。图中电源变压器 T 的初级和交流电网相连，其作用是将电网的交流电压变换（降低）成低压的正弦交流电压，一般为 $10\sim20$ V（指 u_2 的有效值）。二极管 V_D 用于整流，称为整流二极管。

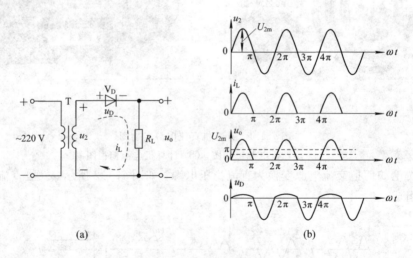

图 7.2.1　半波整流电路
(a) 半波整流电路；(b) 电压、电流波形

由图 7.2.1(a)可知，变压器次级的感应电压为 $u_2 = U_{2m}\sin\omega t = \sqrt{2}U_2\sin\omega t$。由二极管的单向导电性可知，在交流电正半周期间，$u_2$ 的电压方向为上正下负，V_D 处于正向偏置状态，V_D 导通，负载电流方向如图所示；在交流电负半周期间，u_2 的电压方向为上负下正，此时 V_D 处于反向偏置状态，V_D 截止，负载电流为 0，整流电路输出电压为 0。在输入

交流电压下一个周期期间，第二个正半周电压到来时，整流二极管再次导通，负半周电压到来时，整流二极管再次截止，如此不断导通、截止变化。这样在 R_L 两端可以得到单向脉动电压 u_o，如图 7.2.1(b) 所示。

半波整流电路输出电压的直流平均值为 $U_o = 0.45 U_2$。

在交流电负半周期间，整流二极管 V_D 所承受的最大反向偏置电压 U_{Drm} 为变压器次级输出电压 u_2 的最大值，即 $U_{Drm} = \sqrt{2} U_2$。

7.2.2　全波整流电路

在半波整流电路中，u_2 正半周期间，二极管导通，负载电阻中有电流流过，u_2 负半周期间，二极管截止，负载电阻中没有电流。显然变压器次级的正弦交流电压只有半周被利用，另外半周被浪费掉了。那么将两个半波整流电路拼接起来，各自工作半周就产生了如图 7.2.2(a) 所示的全波整流电路。

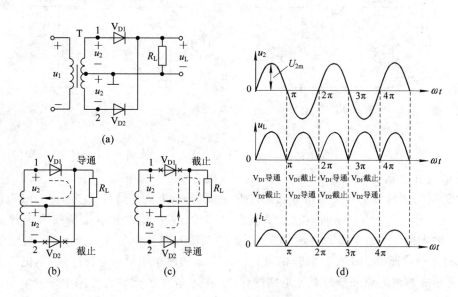

图 7.2.2　全波整流电路

(a) 电路图；(b) u_2 正半周；(c) u_2 负半周；(d) 整流输出波形

电路中电源变压器 T 的特点是次级线圈有一个抽头，且为中心抽头，将次级线圈一分为二，中心抽头接地。这样变压器次级线圈上可以得到两个大小相等相位相反的交流电压，它们分别加到整流管 V_{D1}、V_{D2} 上。当 1 端对地为正，2 端对地为负时，V_{D1} 导通而 V_{D2} 截止，如图 7.2.2(b) 所示，在 R_L 上得到波形为半波的电压。当 1 端对地为负，2 端对地为正时，V_{D1} 截止而 V_{D2} 导通，如图 7.2.2(c) 所示，在 R_L 上也可得到波形为半波的电压。这样，当交流电压变化一个周期时，在 R_L 上产生两个半波电压脉冲，如图 7.2.2(d) 所示。所以这种电路叫全波整流电路。全波整流时每个整流管承受的最大反向电压均为 $U_{Drm} = 2 U_{2m} = 2\sqrt{2} U_2$。显然这时输出电压的波动比半波整流时小，而输出的直流分量比半波整流时大1倍。

全波整流电路输出电压的直流平均值为 $U_o = 0.9 U_2$。

7.2.3 桥式整流电路

桥式整流电路如图 7.2.3(a)所示,4 个整流二极管组成一个电桥,变压器次级线圈和 R_L 分别接到电桥的两个对角线的两端。这里变压器没有中心抽头,其次级两端均不接地。桥式整流电路的工作原理可用图 7.2.3(b)和(c)来说明。

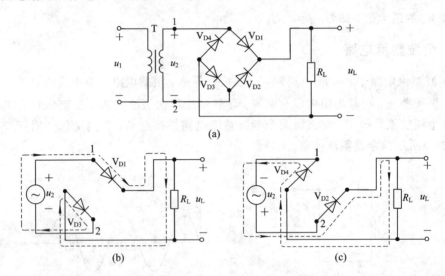

图 7.2.3 桥式整流电路
(a) 电路图;(b) u_2 正半周;(c) u_2 负半周

当 u_2 为正半周(1 端为正,2 端为负)时,二极管 V_{D1}、V_{D3} 导通,V_{D2}、V_{D4} 截止,电流沿着图 7.2.3(b)中虚线上箭头所指方向流过 R_L;而当 u_2 为负半周(1 端为负,2 端为正)时,V_{D1}、V_{D3} 截止,V_{D2}、V_{D4} 导通,电流沿着图 7.2.3(c)中虚线上箭头所指方向流过 R_L。可见,在输入信号的整个周期内,负载上得到的电流方向始终是自上而下的,整流输出波形是单向脉动波形,与图 7.2.2(d)相同。由于在 u_2 的两个半周中,流过 R_L 的电流方向相同,因此桥式整流电路和全波整流电路的作用一样。同时桥式整流电路中每一个二极管所承受的最大反向电压就是变压器次级电压的幅值,比全波整流时小了一半,即 $U_{Drm} = U_{2m} = \sqrt{2} U_2$。

桥式整流电路的优点是输出电压高,脉动系数小,每只整流二极管所承受的反向电压低,电源电压利用率高,因而整流效率也较高。目前,有很多集成化的整流桥堆(将 4 只整流二极管集成封装后并接出引线),如:RB151,RS402 等,如图 7.2.4 所示,在工作中可根据需要选择使用。

(a)　　　　　　　　　　　(b)

图 7.2.4 集成化的整流桥堆
(a) RB151;(b) RS402

桥式整流电路输出电压的直流平均值为 $U_o = 0.9U_2$。

7.2.4　滤波电路及其工作分析

由图 7.1.2 可以看出，通过整流电路得到的脉动电压虽然方向不变，但仍存在很大的波动。滤波电路的功能就是滤除脉动电压中的交流成分，使输出直流电压变得平滑。

滤波电路是由储能元件电容或电感实现的。一般有如图 7.2.5 所示的几种形式的滤波电路，其中 u_i 为滤波电路的输入电压，u_o 为输出电压。Γ 型滤波和 Ⅱ 型滤波又称为复式滤波，兼有电容滤波的优点，但电路比较复杂、体积大、成本高，主要用于有特殊要求的直流稳压电路。这里只讨论电容滤波电路。

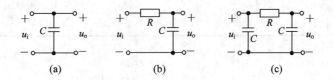

图 7.2.5　滤波电路

（a）电容滤波；（b）Γ 型滤波；（c）Ⅱ 型滤波

整流输出电压是一个脉动的直流电压，因此需要在图 7.2.3(a) 所示电路的整流电路和负载 R_L 之间插接一个滤波电路，形成如图 7.2.6(a) 所示桥式整流电容滤波电路。

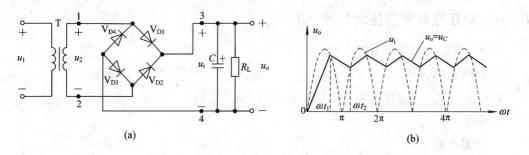

图 7.2.6　桥式整流滤波电路

（a）电路图；（b）电容滤波输出电压波形

电路的工作过程是这样的：

在交流电刚接入之前，电容器 C 两端电压为 0。在接入交流电后，当 $u_2 > 0$ 时，二极管 V_{D1}、V_{D3} 导通，V_{D2}、V_{D4} 截止，u_2 给电容器 C 充电，充电回路为

$$1 \rightarrow V_{D1} \rightarrow 3 \rightarrow C \rightarrow 4 \rightarrow V_{D3} \rightarrow 2$$

由于充电回路中电阻很小，充电速度快，u_o 迅速上升。当 $\omega t = \omega t_1$ 时，$u_o = u_2$，此后 u_2 低于 u_o，二极管均截止，这时电容 C 通过 R_L 放电，放电时间常数为 $R_L C$。由于 R_L 较大，因此放电速度慢，$u_o = u_C$ 缓慢下降。当 $\omega t = \omega t_2$ 时，u_2 又变化到比 u_o 高，此时二极管 V_{D2}、V_{D4} 导通，V_{D1}、V_{D3} 截止，又开始下一轮充电过程。由于电容 C 的储能作用，R_L 上的电压波动大大减小了，$u_o = u_C$，波形如图 7.1.6(b) 所示。其中实线为输出电压波形，虚线为桥式整流电路输出波形。从图中可以看出，经滤波后的输出电压 u_o 比原整流电路的输出电压平滑得多，也就是说，脉动成分减少很多。即经电容器滤波后，输出电压平均值增加了。

表 7.1 给出了三种常用整流滤波电路的有载平均输出电压、整流管承受的最大反向电压和应用范围等电路特性。

表 7.1 常用整流滤波电路特性

电路	输入交流电压（有效值）	有载时平均输出电压 $U_{o(av)}$	每管流过的平均电流 I_D	每管承受的最大反向电压 U_{Drm}	整流管数	输出纹波	应　　用
全波整流滤波	$U_2 + U_2$	$1.2U_2$	$0.5I_L$	$2U_{2m}$	2	小	应用广泛，但变压器次级要有中心抽头
桥式整流滤波	U_2	$1.2U_2$	$0.5I_L$	U_{2m}	4	小	无需中心抽头变压器，应用最广泛

7.3　稳　压　电　路

交流电经过整流滤波可得到比较平滑的直流电，但当输入电网电压波动和负载变化时输出电压也将随之变化。因此，在要求稳定供电的设备中，需要一种稳压电路，使输出电压在电网波动、负载变化时基本稳定在某一数值。

7.3.1　稳压电路常用技术指标

稳压电源有以下几项主要技术指标。

1. 特性指标

特性指标指表明稳压电源工作特征的参数，例如：输入、输出电压及输出电流，电压可调范围等。

2. 质量指标

质量指标指衡量稳压电源稳定性能状况的参数，如稳压系数、输出电阻、纹波电压及温度系数等。具体含义简述如下。

（1）稳压系数 γ：指通过负载的电流和环境温度保持不变时，稳压电路输出电压的相对变化量与输入电压的相对变化量之比。即

$$\gamma = \frac{\Delta U_O / U_O}{\Delta U_I / U_I}\bigg|_{\Delta U_I = 0,\ \Delta T = 0} \tag{7.3.1}$$

式中，U_I 为稳压电源输入直流电压，U_O 为稳压电源输出直流电压，γ 数值越小，输出电压的稳定性越好。

（2）输出电阻 r_O：指当输入电压和环境温度不变时，输出电压的变化量与输出电流变化量之比，即

$$r_O = \frac{\Delta U_O}{\Delta I_O}\bigg|_{\Delta U_I = 0,\ \Delta T = 0} \tag{7.3.2}$$

r_O 的值越小，带负载能力越强，对其它电路影响越小。

（3）纹波电压 S：指稳压电路输出端中含有的交流分量，通常用有效值或峰值表示。S

值越小越好。

（4）温度系数 S_T：指在 U_I 和 I_O 都不变的情况下，环境温度 T 变化所引起的输出电压的变化，即

$$S_T = \frac{\Delta U_O}{\Delta T}\bigg|_{\Delta U_I = 0,\ \Delta I_O = 0} \tag{7.3.3}$$

式中，ΔU_O 为漂移电压。S_T 越小，漂移越小，该稳压电路受温度影响越小。

7.3.2　硅稳压管稳压电路

1. 电路结构

硅稳压管稳压电路如图 7.3.1 所示。由于硅稳压管 V_Z 和负载 R_L 并联，故称并联型稳压电路，R 为限流电阻，硅稳压管 V_Z 工作在反向击穿区。

由图 7.3.1 可知，

$$U_O = U_I - I_R R = U_Z$$

$$I_R = I_Z + I_O$$

即输出电压是硅稳压管的稳压值 U_Z。

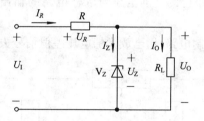

图 7.3.1　硅稳压管稳压电路

2. 元件选择

1）稳压二极管的选择

稳压管的参数可按下式选取：

$$U_Z = U_O \tag{7.3.4}$$

$$I_{Z\max} = (2 \sim 3) I_{O\max} \tag{7.3.5}$$

2）限流电阻的计算

稳压二极管稳压电路的稳压性能与稳压二极管击穿特性的动态电阻有关，与限流电阻 R 的阻值大小有关。显然限流电阻 R 越大，较小 I_Z 的变化就可引起足够大的 U_R 变化，就可以达到较好的稳压效果。

当输入电压最小，负载电流最大时，流过稳压二极管的电流最小。此时 I_Z 不应小于 $I_{Z\min}$，由此可计算出限流电阻的最大值，实际选用的限流电阻应小于最大值，即

$$\frac{U_{I\min} - U_O}{R_{\max}} - I_{O\max} \geqslant I_{Z\min} \Rightarrow R_{\max} \leqslant \frac{U_{I\min} - U_O}{I_{Z\min} + I_{O\max}} \tag{7.3.6}$$

当输入电压最大，负载电流最小时，流过稳压二极管的电流最大。此时 I_Z 不应超过 $I_{Z\max}$，由此可计算出限流电阻的最小值，即

$$\frac{U_{I\max} - U_O}{R_{\min}} \leqslant I_{Z\max} \Rightarrow R_{\min} \geqslant \frac{U_{I\max} - U_O}{I_{Z\max} + I_{O\min}} \tag{7.3.7}$$

则限流电阻应按下式确定:

$$R_{\min} \leqslant R \leqslant R_{\max} \tag{7.3.8}$$

稳压二极管在使用时一定要串联接入限流电阻,不能使它的功耗超过规定值,否则会造成损坏。

7.3.3 串联型直流稳压电路

硅稳压管稳压电路带负载能力太小,且输出电压不能调节,而串联型直流稳压电路能够克服上述缺点。

稳压电源是检测供给负载直流电压的变化,并自动稳定输出电压的一种反馈控制电路。串联型稳压电路组成框图如图 7.3.2 所示,它由以下几个部分组成:

(1) 取样电路:对输出电压进行取样,实际上是通过与负载并联的电阻取出输出电压的一部分,用以检测输出电压的变化。

(2) 基准电压:产生一个温度稳定性很高的参考电压,它对整个稳压器输出直流电压的稳定起着十分重要的作用,常用的基准电压产生电路可用标准的稳压二极管,也可用具有温度补偿的基准电压产生电路。

(3) 比较放大电路:将获得的基准电压与取样电路的输出电压进行比较,并将电压差值进行放大。

(4) 调整电路:(也称控制电路)用已放大的电压差值信号去调整输出电压使其保持稳定。

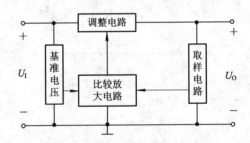

图 7.3.2　串联型稳压电路组成框图

由分离元件构成的串联型稳压电路如图 7.3.3 所示。

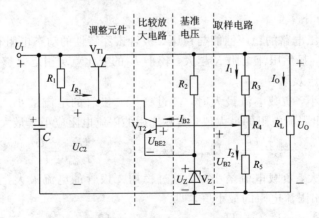

图 7.3.3　串联型稳压电路

取样电路由 R_3、R_4 和 R_5 组成。如果输出电压出现增大或减小时，取样电路通过分压得到的 U_{B2} 的数值将会随输出电压增大或减小。

基准电压由工作在反向状态的稳压二极管 V_Z 产生。

比较放大电路也称做误差放大电路，将基准电压 U_Z 与取样电压进行比较（相减），并将差值放大，这个差值又称做误差电压。

被放大后的误差电压送给调整电路，控制调整元件 V_{T1}（又称调整管）两端的电压降，以达到稳定输出电压的目的。调整管 V_{T1} 串接于输入电压和输出电压之间。

由于调整管工作在大信号的功率放大状态，因此实际的串联型稳压电路还包括有保护电路，以防止调整管过载、过压或过热时损坏。

图 7.3.3 所示的串联型稳压电路的输出电压是可调整的，输出范围的计算方法如下：

$$U_{B2} = U_{BE2} + U_Z$$

若滑动触头在 R_4 的最上端，则

$$U_{B2} = \frac{R_4 + R_5}{R_3 + R_4 + R_5} U_O$$

若滑动触头在 R_4 的最下端，则

$$U_{B2} = \frac{R_5}{R_3 + R_4 + R_5} U_O$$

由此可以得到输出电压的范围

$$U_O = \frac{R_3 + R_4 + R_5}{R_4 + R_5} U_{B2} \sim \frac{R_3 + R_4 + R_5}{R_5} U_{B2}$$

$$= \frac{R_3 + R_4 + R_5}{R_4 + R_5} (U_{BE2} + U_Z) \sim \frac{R_3 + R_4 + R_5}{R_5} (U_{BE2} + U_Z)$$

7.3.4　线性集成稳压器及其应用

目前在电子设备中广泛应用的是集成稳压器。三端式集成稳压器由于其性能好、体积小、可靠性高，使用简单方便，且成本也较低，因而是目前线性直流稳压电路中的主要器件。

固定输出电压的三端式集成稳压器内部组成框图如图 7.3.4 所示。它由启动电路、基准电压、调整电路、比较放大电路、保护电路和取样电路六大部分组成。

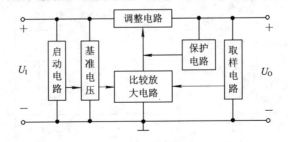

图 7.3.4　三端式集成稳压器内部组成框图

固定输出电压的三端式集成稳压器的保护电路包括过流保护、过热保护和安全工作区保护电路。过流保护可防止稳压器在输出端短路时其内部调整管电流过大，使调整管散耗功率过大而造成损坏。另外，长时间大电流工作还会使稳压器芯片温度升高，造成芯片损坏，因此，其内部设有过热保护电路。安全工作区保护电路的作用是为了防止调整管二次击穿而损坏。为了保证稳压器输入端接入电压后，顺利建立起稳定的输出电压，稳压器内部还设有启动电路。

1. 固定式三端集成稳压电源

78XX/79XX 系列是使用极为广泛的一类串联集成稳压器，其特点是输出电压为固定值。这类稳压器只有输入、输出、公共端三个端子，其引脚和封装形式如图 7.3.5 所示，图示两种封装形式分别为 TO-3(铝壳封装) 和 TO-220(塑料封装)，使用时不需要外加任何控制电路和器件。它的电路连接十分简单，根据输入、输出直流电压的极性，可分为固定正电压输出和固定负电压输出两大系列，它们分别用代号 78XX 和 79XX 表示。按输出电压的大小分为 5 V、6 V、9 V、12 V、15 V、18 V、24 V 七种规格，符号中的"78"代表输出正电压，"79"代表输出负电压，"XX"代表输出电压的大小。例如：7809 输出电压为正 9 V，7924 则是输出电压为负 24 V。78LXX/79LXX 中的输出电流为 100 mA，78MXX/79MXX 的输出电流为 500 mA，78XX/79XX 的输出电流为 1.5 A。

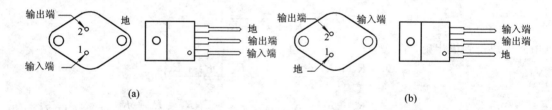

图 7.3.5　LM78/79 系列三端式集成稳压器引脚

(a) LM78 系列的封装形式；(b) LM79 系列的封装形式

对于 78XX/79XX 系列稳压器，只要输入和输出之间的电压差大于要求值（一般实际使用中为 2～3 V），这两种稳压器就可以正常工作。例如，7815 的输入电压是 18 V，或 7915 的输入电压是负 18 V 时，它们分别可以稳定地输出 +15 V 或 −15 V 直流电压。如果电压差低于要求值时，稳压性能会变差。

78XX/79XX 系列三端式集成稳压器部分极限参数如表 7.2 所示。

表 7.2　78XX/79XX 系列三端式集成稳压器

	78XX 系列	79XX 系列
最大输入电压(输出电压为 5 V 时)/V	35	−35
最大输入电压 (输出电压为 12～15 V 时)/V	35	−40
工作温度范围/℃	0～+70	0～+70
最大工作结温/℃	+150	0～+125
储藏温度范围/℃	−65～+150	−65～+150

所有参数是以 $0.22\ \mu\mathrm{F}$ 的输入滤波电容和 $0.11\ \mu\mathrm{F}$ 的输出滤波电容为标准测量的，当滤波电容或电路变化时参数值也会变化。

用三端式集成稳压器件，可以方便地设计出线性直流稳压电源的稳压输出部分，78XX、79XX 集成稳压器的典型应用电路如图 7.3.6 所示。其中 U_I 是整流滤波电路的输出电压，U_O 是稳压电路输出电压。

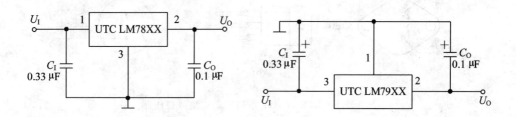

图 7.3.6　固定式三端稳压器典型应用

当用电设备需要正、负两组电压输出时，可将 78XX 系列和同规格的 79XX 配合使用，其电路如图 7.3.7 所示。从图中可以看出，正负电源分别接固定输出基本稳压电路，但具有公共接地端。变压器和整流滤波电路由两个电源共用，且变压器次级端用中心抽头接地。

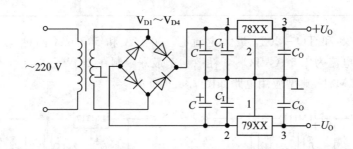

图 7.3.7　同时输出正、负两组电压的电路

2. 可调式三端集成稳压电源

LM117/317 是美国国家半导体公司生产的可调式三端集成稳压器，是使用较广泛的一类串联集成稳压器。我国和世界各大集成电路生产商均有同类产品可供选用。它的内部设置有全过载保护电路，包括限流热过载保护和调整管保护功能，仅需两个外接电阻来设置输出电压，使用非常方便。

LM117 输出为正电压，LM317 输出为负电压，它们的输出电压从 $1.25\sim37$ V（或 $-1.25\sim-37$ V）连续可调，最大输出电流为 1.5 A。它们的外形如图 7.3.8(a) 所示，封装形式依次为：TO-220（塑料封装）、TO-202（塑料封装）、TO-3（金属封装）和 TO-39（金属封装），图 7.3.8(b) 所示为 LM117 和 LM317 的引脚图。

LM117/317 系列三端式集成稳压器极限参数如表 7.3 所示。

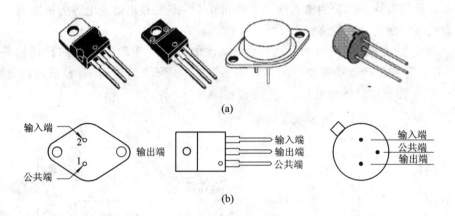

(a)

(b)

图 7.3.8　LM117/317 系列三端式集成稳压器

(a) 外形；(b) 引脚

表 7.3　LM117/317 系列三端式集成稳压器的极限参数

最大输入/输出压差		$+40\sim-0.3$ V
极限电流/A	$U_1-U_O\leqslant15$ V	$\leqslant3.4$
	$U_1-U_O=40$ V	$\leqslant0.4$
工作温度范围/℃	LM117	$-55\sim+150$
	LM317	$0\sim+125$

对于 TO-39 和 TO-202，最大电流有 100 mA 和 500 mA 两种。对于 TO-3 和 TO-220，最大电流为 1.5 A，TO-3 耗散功率最好限制在 20 W。

LM117 和 LM317 典型应用电路如图 7.3.9 所示。

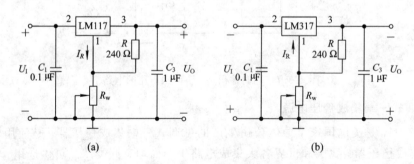

(a)　　　　　　　　　　　(b)

图 7.3.9　LM117/317 的典型应用电路

(a) LM117 典型应用；(b) LM317 典型应用

图 7.3.9(a) 所示电路的输出电压为

$$U_O = 1.25\left(1+\frac{R_w}{R}\right) \tag{7.3.9}$$

当 R 取 240 Ω，R_w 为 5 kΩ 电位器时，输出电压的调节范围为 1.25～25 V。输入电容 C_1 用于改善电路的瞬态响应，因此它常常用在精密稳压电路中。

图 7.3.9(b) 所示为 LM317 的典型应用电路，其输出电压为

$$U_O = -1.25\left(1 + \frac{R_w}{R}\right) \tag{7.3.10}$$

图 7.3.10 所示是一个三端可调集成稳压器的应用电路，图中 1 为调整端，2 为输入端，3 为输出端。C_2 用于消除高频自激并减小纹波电压，C_3 用于消除高频噪声。R_w 与 R_1 组成输出电压 U_O 的调整电路，调节 R_w 即可调整输出电压的大小。

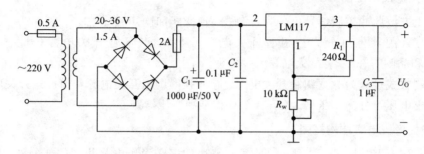

图 7.3.10 完整的直流稳压电源电路

使用三端集成稳压器时应注意以下几点：

（1）三端稳压器输入电压大小要适当，否则，当电网电压过高或过低时，会损坏稳压器或使其不能正常工作。应保证稳压器输入电压高于输出电压 2～3 V。

（2）稳压器引脚不能接错，接地端不能悬空，否则易损坏稳压器。

（3）当三端稳压器输出端滤波电容较大时，一旦输入端开路，如图 7.3.10 所示，C_2 将从稳压器输出端向稳压器放电，易使稳压器损坏。因此，可在稳压器的输入、输出之间跨接一个保护二极管。

表 7.4 所列各厂商的同型号元件均可直接代换。

表 7.4 一些常见的三端集成稳压器

国家 半导体	摩托 罗拉	仙童	日电	东芝	日立	上海无线电 七厂	北京半导 体五厂
LM78XX	MC78XX	μA78XX	μPC78XX	TA78XX	HA78XX	SW78XX	CW78XX
LM79XX	MC79XX	μA79XX	μPC79XX	TA79XX	HA79XX	SW79XX	CW79XX
LM117	MC117	μA117	μPC117	TA117	HA117	SW117	CW117
LM317	MC317	μA317	μPC317	TA317	HA317	SW317	CW317

7.4 开关型稳压电源简介

线性稳压器具有稳定性好、动态响应快、波纹小、干扰小、稳压性能好和电路简单等优点，但是调整管必须工作在线性区，当负载电流较大时，调整管的功耗很大（集电极损耗 $P_C = U_{CE}I_C$），电路的转换效率较低，一般在 $40\%～60\%$，且要安装散热器，这样会增加整个电源的体积和重量。所以，在通信设备的整机供电系统中一般不采用线性稳压电路。

开关稳压电源（SMR）正是为克服上述缺点而发展起来的一种直流稳压器。它的效率高、体积小、重量轻、便于集成。开关稳压电源电路中的调整管工作在开关状态，即饱和状态和截止状态。由于管子饱和时的管压降 U_{CES} 和截止时的穿透电流 I_{CEO} 均很小，管耗主要发生在两种状态的转换过程中，故可大大提高稳压器的效率，一般可达 $80\% \sim 90\%$。它的另一个优点是通用性很强，通过改变电路的结构，可以构成降压型、升压型和反极性型等多种稳压电路。所以，现代电子系统中的大功率稳压电源多采用开关稳压电路。

1. 开关稳压电源的分类

按产生方波脉冲控制信号可分为自激式、他激式和同步式；

按功率开关器件可分为三极管开关电源、功率 MOS 管开关电源（开关频率大于 100 kHz）和晶闸管开关电源（大功率开关电源）；

按控制方式可分为脉宽调制开关电源、脉冲频率调制开关电源和谐振式开关电源；

按输出电压可分为降压型、升压型、反相型和变压器型。

2. 开关稳压电路结构框图

开关稳压电路如图 7.4.1 所示，除了与普通的串联稳压电路相同的部分外，原来的调整管更换为开关调整管，并增加了开关控制器和续流滤波等电路，新增部分的功能如下。

(1) 开关调整管：在开关脉冲的作用下，使调整管工作在饱和和截止状态，输出断续的脉冲电压。开关调整管采用大功率管。

(2) 滤波器：把矩形脉冲电压变成连续的平滑直流电压 U_O。

(3) 开关时间控制器：控制开关管导通时间的长短，从而改变输出电压的高低。

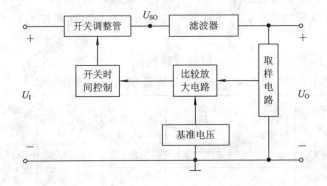

图 7.4.1 开关稳压电源结构框图

3. 集成开关稳压器应用举例

美国 MICREL 公司采用"Super β PNP"技术，推出了新系列的低压差开关稳压器。这些低压差线性稳压器压差低、输出稳压精度很高、输出电压有固定电压和输出可调等两种形式、封装形式多样、外围电路简单且使用方便。

MIC4680 采用贴片式的 SOP-8 封装，引脚如图 7.4.2 所示。其中 SHDN 为稳压器使能端，一般 SHDN 端电压小于 1 V，稳压器工作时，一旦 SHDN 端电压大于 1.6 V，稳压器就会关断。

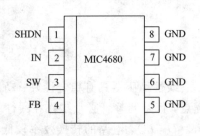

图 7.4.2 MIC4680 引脚图

SW 为开关功率管输出端,是内部 NPN 开关管的发射极。

FB 为反馈输入端,对于固定输出,分压电阻已经集成在芯片内部,只需将该端接输出即可。对于可调输出接分压电阻网络。

MIC4680 的外围电路非常简单,典型应用电路只需要两个电容、一个电阻(可调时为两个电阻)、一个电感和一个快速恢复肖特基二极管 5 个元件,典型应用电路如图 7.4.3 所示。图(a)为固定电压输出稳压电路,图(b)为可调电压输出稳压电路,输出电压为

$$U_O = U_{REF}\left(1 + \frac{R_1}{R_2}\right)$$

式中,$U_{REF} = 1.23$ V。

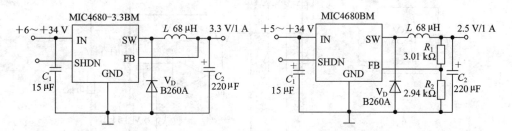

图 7.4.3　MIC4680 的典型应用

(a) 固定电压输出稳压电路;(b) 可调电压输出稳压电路

7.5　稳压电源的仿真实验

1. 桥式整流滤波电路

桥式整流滤波电路如图 7.5.1 所示。

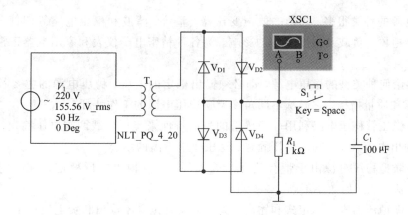

图 7.5.1　桥式整流滤波电路

(1) 观察输入信号和输出信号波形的变化,并将测量的输出电压值与计算出的输出电压值进行比较;

(2) 断开滤波电容,观测输出电压信号的变化,并分析原因;

（3）改变滤波电容 C_1 的值，分别取 $100\ \mu F$、$500\ \mu F$、$1000\ \mu F$，观测输出波形，试分析原因；

（4）将电路中的任意一个二极管断开，观测输出电压信号的变化，试分析原因。

* 2. 串联型稳压电路

串联型稳压电路如图 7.5.2 所示。

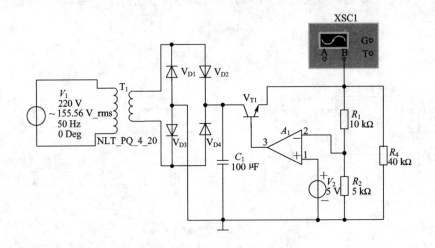

图 7.5.2　串联型稳压电路

（1）观察输入信号和输出信号波形的变化，并测量电路的输出电压；

（2）如果要将该电路改为输出可调的稳压电路，应做怎样的变化？

本 章 小 结

稳压电源的种类很多。它们一般由变压器、整流、滤波和稳压电路等四部分组成，输出电压不受电网、负载及温度变化的影响，为各种精密电子仪表和家用电器正常工作提供能源保证。

（1）无论何种类型的稳压电源，都必须输出稳定的电压。稳压电源的主要技术指标包括特性指标和质量指标，它们从不同角度反映稳压电源的工作特征。

（2）硅稳压管稳压电路利用硅稳压管的稳压特性来实现负载两端电压稳定。这种电路只适用于输出电流较小、输出电压固定、稳压要求不高的场合。

（3）串联型稳压电源由于带有负反馈放大环节，故输出电压稳定且在一定范围内可调，输出电流较大，但效率不高。

（4）三端稳压器既有固定式和输出可调式，又有正电压输出和负电压输出，使用方便，性能稳定。

（5）开关电源的调整管工作在开关状态。它具有体积小、效率高、稳压范围宽的优点。但它高频泄漏较大，对周围电路有影响。

习　题

7-1　填空题。

(1) 直流稳压电源一般由 _____ 、 _____ 、 _____ 和 _____ 组成。

(2) 稳压电源的主要技术指标包括 _____ 和 _____ 。

(3) 纹波电压是指 _____ 。

(4) 图 7.3.3 中 R_4 的作用是 _____ ， R_2 的作用是 _____ ， V_{T1} 的作用是 _____ 。

(5) 串联型稳压电源是由 _____ 、 _____ 、 _____ 、 _____ 四部分组成的，其输出电压调整范围表达式是 _____ 。

(6) 78XX 系列三端稳压器各脚功能是：1 脚 _____ ，2 脚 _____ ，3 脚 _____ 。

(7) LM317 输出为 _____ 电压，且连续可调。

(8) 开关电源按不同的控制方式分为 _____ 、 _____ 和 _____ 。

(9) 与线性直流稳压电源相比，开关电源具有 _____ 、 _____ 、 _____ 、和 _____ 等优点。

(10) 开关电源的调整管工作于 _____ 状态和 _____ 状态。

7-2　选择正确答案填空。

(1) 整流滤波得到的电压在负载变化时，是 _____ 的。

　　A. 稳定　　　　　　　　B. 不稳定　　　　　　　　C. 不一定

(2) 稳压电路就是当电网电压波动、负载和温度发生变化时，使输出电压 _____ 的电路。

　　A. 恒定　　　　　　　　B. 基本不定

(3) 并联型稳压电路指稳压元件与负载 _____ 。

　　A. 串联　　　　　　　　B. 并联

(4) 稳压电源的主要技术指标是 _____ 。

　　A. 特性与质量指标　　　B. 输出电流与电压　　　C. 稳压和温度系数

(5) 78XX/79XX 系列引脚对应关系应为 _____ 。

　　A. 一致　　　　　　　　B. 1 脚与 3 脚对调

　　C. 脚不变　　　　　　　D. 1、2 脚对调

(6) 三端稳压电源输出负电源并可调是 _____ 。

　　A. 79XX 系列　　　　　B. LM117 系列　　　　　C. LM317 系列

7-3　题 7-3 图所示为串联型直流稳压电源，已知稳压管为 2CW13，其稳压值 $U_Z=6$ V，各晶体管的 U_{BE} 取 0.3 V。

(1) 说明电路各组成部分的名称和主要功能，并在图中标出；

(2) 试计算输出电压的变化范围；

（3）若 $V_{D1} \sim V_{D4}$ 中有一只二极管损坏，试画出 A 点输出电压的波形，此时 B 点输出电压如何变化？

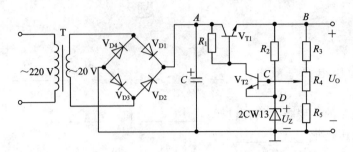

题 7-3 图

7-4 画出 78XX 系列三端式集成稳压器的典型接线图，并说明外接元件的作用。

7-5 画出 79XX 系列三端式集成稳压器的典型接线图，并说明外接元件的作用。

7-6 画出 LM117 输出可调式三端集成稳压器的典型接线图，并说明外接元件的作用。

7-7 画出 LM317 输出可调式三端集成稳压器的典型接线图，并说明外接元件的作用。

7-8 固定输出稳压电路如题 7-8 图所示，试计算 A 点电压和输出电压。

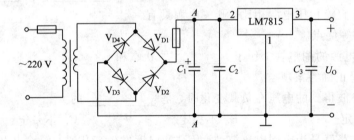

题 7-8 图

7-9 固定输出稳压电路如题 7-9 图所示，试计算 A 点电压和输出电压。

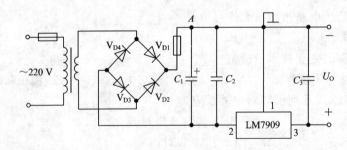

题 7-9 图

7-10 试设计输出为 9 V 的稳压电路，并说明变压器匝比、次级电压及滤波后输出电压。

7-11 简述开关型稳压电源的分类。

部分习题答案

1-1 A。

1-2 等于；小于；大于。

1-4 正向；反向。

1-8 B。

1-9 D。

1-10 A。

1-11 图 1—N 沟道增强型绝缘栅场效应管；图 2—P 沟道增强型绝缘栅场效应管；图 3—N 沟道耗尽型绝缘栅场效应管；图 4—P 沟道耗尽型绝缘栅场效应管；图 5—N 沟道结型场效应管；图 6—P 沟道结型场效应管。

1-12 (a) 截止；(b) 导通；(c) 截止。

2-1

电路名称	连接方式(e、c、b)			性能比较(大、中、小，相同、相反)			
	公共极	输入极	输出极	$\vert \dot{A}_u \vert$	R_i	R_o	输入输出相位
共射电路	e	b	c	大	中	中	相反
共集电路	c	b	c	小	大	小	相同
共基电路	b	e	c	大	小	中	相同

2-5 (2) $I_{BQ} = \dfrac{V_{CC} - U_{BEQ}}{R_b} \approx \dfrac{V_{CC}}{R_b} = 20\ \mu A$

$I_{CQ} = \beta I_{BQ} = 1\ mA$

$U_{CEQ} = V_{CC} - I_{CQ}R_c = 6\ V$

(3) $I_{BQ} = 20\ \mu A$，$I_{CQ} = 2\ mA$，$U_{CEQ} = 0\ V$，三极管进入饱和区，不能放大信号。

2-8 (1) $I_{BQ} = \dfrac{V_{CC} - U_{BEQ}}{R_b} \approx \dfrac{V_{CC}}{R_b} = 20\ \mu A$

$I_{CQ} = \beta I_{BQ} = 1\ mA$

$U_{CEQ} = V_{CC} - I_{CQ}R_c = 6.9\ V$

(2) $r_{be} = r_{bb'} + (1+\beta)\dfrac{26\ mV}{I_{EQ}} \approx 1.6\ k\Omega$

$\dot{A}_u = -\dfrac{\beta(R_c /\!/ R_L)}{r_{be}} = -62.5\,(倍)$

$R_i = R_b /\!/ r_{be} \approx r_{be} = 1.6\ k\Omega$，$R_o = R_c = 5.1\ k\Omega$

2 - 9　(1) $U_B = \dfrac{R_{b2}}{R_{b1}+R_{b2}} V_{CC} = 2 \text{ V}$

$$I_{CQ} \approx I_{EQ} = \dfrac{U_B - U_{BEQ}}{R_f + R_e} = 1 \text{ mA}$$

$$U_{CEQ} = V_{CC} - I_{CQ}(R_c + R_f + R_e) = 5.7 \text{ V}$$

$$\dot{A}_u = -\dfrac{\beta(R_c /\!/ R_L)}{r_{be} + (1+\beta)R_f} \approx -8 (倍)$$

$$R_i = R_{b1} /\!/ R_{b2} /\!/ [r_{be} + (1+\beta)R_f] \approx 3.67 \text{ k}\Omega$$

$$R_o = R_c = 5 \text{ k}\Omega$$

2 - 10　电路 A：饱和失真，增大 R_b 或减小 R_c；电路 B：截止失真，减小 R_b 或提高电源电压 V_{CC}。

2 - 13　$\dot{A}_u = -g_m(R_d /\!/ R_L) = -25 (倍)$；$R_i = R_g = 5 \text{ M}\Omega$；$R_o = R_d = 5 \text{ k}\Omega$。

2 - 14　(2) $R_{i2} = R_{b3} /\!/ R_{b4} /\!/ r_{be} \approx 0.87 \text{ k}\Omega$

$$A_{u1} = -\dfrac{\beta_1(R_{c1} /\!/ R_{i2})}{r_{be1}} \approx -60 (倍)$$

$$A_{u2} = -\dfrac{\beta_2(R_{c2} /\!/ R_L)}{r_{be2}} \approx -100 (倍)$$

$$A_u = A_{u1}A_{u2} = 600；R_i \approx 0.88 \text{ k}\Omega；R_o \approx 2 \text{ k}\Omega$$

2 - 15　(1) 输入电阻小。

(2) 40。

(3) C。

(4) 共基极放大器。

(5) 增大；增大；不变；增大；减小；不变。

(6) 截止失真；减小基极电阻 R_b。

(7) 300 Hz；4000 Hz；3700 Hz。

(8) 10 000；40。

(9) 直接耦合；阻容耦合；变压器耦合；50 kΩ；1 kΩ。

3 - 1　(1) 直接耦合。

(2) 输入级；中间放大级；互补输出级。

(3) $U_+ = U_-$；$I_+ = I_- = 0$。

(4) 第一个；乘积。

(5) 放大差模信号抑制共模信号；电路的对称性。

(6) 抑制共模信号。

3 - 2　(1) $A_{ud} = -\dfrac{\beta R_c}{R_s + r_{be}} = -250$；　　(2) $A_{uc} = 0$；　　(3) $K_{CMR} = \infty$。

3 - 3　(1) $A_{ud} = -\dfrac{\beta R_c}{r_{be}} = -306$；　　(2) $A_{uc} = 0$；　　(3) $K_{CMR} = \infty$。

3 - 4　$A_{ud} = -\dfrac{1}{2}\dfrac{\beta(R_c /\!/ R_L)}{R_s + r_{be}} = -62.5$

3 - 5　$A_{ud} = -\dfrac{1}{2}\dfrac{\beta(R_c /\!/ R_L)}{R_s + r_{be}} = -62.5$

3-6 (1) $A_{ud} = -\dfrac{\beta\left(R_c // \dfrac{R_L}{2}\right)}{R_s + r_{be}} = -75$;

(2) $A_{uc} = 0$;

(3) $K_{CMR} = \infty$。

3-7 (1) $A_{ud} = -\dfrac{\beta\left(R_c // \dfrac{R_L}{2}\right)}{R_s + r_{be}} = -62.5$;

(2) $A_{uc} = 0$;

(3) $K_{CMR} = \infty$。

4-1 (1) B,D; (2) D; (3) ① A; ② B; ③ B; ④ B; ⑤ A; (4) B。

4-2 (1) 错; (2) 错; (3) 错; (4) 错; (5) 错;

(6) 错; (7) 对; (8) 对。

4-3 (1) A; (2) B; (3) C; (4) D; (5) B; (6) A。

4-4 (a) R_{e1} 和 R_f 为反馈支路,电压串联负反馈;

(b) R_{e2} 和 R_f 为反馈支路,电流并联负反馈。

4-5 (a) 电压串联,输入电阻↑,输出电阻↓;

(b) 电压串联,输入电阻↑,输出电阻↓;

(c) 电压串联,输入电阻↑,输出电阻↓;

(d) 电压串联,输入电阻↑,输出电阻↓;

(e) 电流串联,输入电阻↑,输出电阻↑;

(f) 电压串联,输入电阻↑,输出电阻↓;

(g) 电压并联,输入电阻↓,输出电阻↓;

(h) 电压并联,输入电阻↓,输出电阻↓。

4-6 $1+AF = 11$; $A_f = \dfrac{100}{11}$。

4-7 $1+AF = 2$, $F = \dfrac{1}{40}$。

4-8 (a) $F_u = \dfrac{\dot{U}_f}{\dot{U}_o} = \dfrac{R_{e1}}{R_{e1}+R_f}$, $A_{uf} \approx \dfrac{1}{F_u} = 1 + \dfrac{R_f}{R_{e1}}$;

(b) $F_i = \dfrac{I_f}{I_o} = \dfrac{R_{e2}}{R_{e2}+R_f}$

$A_{if} \approx \dfrac{1}{F_i} = 1 + \dfrac{R_f}{R_{e2}}$

$A_{uf} = \dfrac{\dot{U}_o}{\dot{U}_i} = \dfrac{I_o(R_c // R_L)}{I_i \cdot R_{if}}$

其中　　　　$R_{if} = \dfrac{R_i}{1+AF} = \dfrac{R_b // r_{be1}}{1+AF}$

4-9 电压串联负反馈,

$F_u = \dfrac{\dot{U}_f}{\dot{U}_o} = \dfrac{R_1}{R_1 + R_4}$

$$A_{uf} \approx \frac{1}{F_u} = 1 + \frac{R_4}{R_1}$$

4 - 10　电压串联负反馈

$$F_r = \frac{\dot{U}_f}{\dot{I}_o} = \frac{R_1 R_2}{R_1 + R_2 + R_f}$$

$$A_{uf} \approx \frac{1}{F_r} = \frac{R_1 + R_2 + R_f}{R_1 R_2}$$

$$A_{uf} = \frac{\dot{U}_o}{\dot{U}_i} \approx -\frac{\dot{I}_o R_L}{\dot{U}_f} = -\frac{R_1 R_2 R_L}{R_1 + R_2 + R_f}$$

5 - 1　(1) 等于；(2) 等于，1；(3) 电压；(4) 电流；(5) $U_+ > U_-$；$U_+ < U_-$；

(6) $K u_X u_Y$。

5 - 2　(1) $A_u = \dfrac{u_o}{u_i} = -\dfrac{I_f R_f}{I_i R_1} \approx -\dfrac{R_f}{R_1} = -5$；

(2) $u_o = A_u u_i = -50$ mV。

5 - 3　(1) $A_u = \dfrac{u_o}{u_i} = \left(1 + \dfrac{R_f}{R_1}\right) = 6$；

(2) $u_o = A_u u_i = 600$ mV。

5 - 4　(1) $u_o = -\left(\dfrac{R_f}{R_{11}} u_{i1} + \dfrac{R_f}{R_{11}} u_{i2}\right) = -(20 u_{i1} + 10 u_{i2})$；

(2) 反相加法器。

5 - 5　$u_o = -\dfrac{R_f}{R_1} u_i = -2 u_i = -4$ V。

5 - 6　$u_o = \left[\dfrac{(R_2 /\!/ R') u_{i1}}{R_1 + (R_2 /\!/ R')} + \dfrac{(R_1 /\!/ R') u_{i2}}{R_2 + (R_1 /\!/ R')}\right] \dfrac{R_f + R}{R}$；同相加法器。

5 - 7　$u_o = \left(1 + \dfrac{R_f}{R}\right)\left(\dfrac{R_2}{R_1 + R_2} u_{i1} + \dfrac{R_1}{R_1 + R_2} u_{i2}\right)$。

5 - 8　$u_o = 6 u_{i2} + 30 u_{i1}$。

5 - 9　(1) $U_+ = u_{i2} \dfrac{R_3}{R_2 + R_3}$

$$U_- = u_i \frac{R_f}{R_1 + R_f} + u_o \frac{R_1}{R_1 + R_f}$$

$$u_o = \frac{R_1 + R_f}{R_1} \frac{R_3}{R_2 + R_3} u_{i2} - \frac{R_f}{R_1} u_{i1}$$

5 - 10　$u_o = u_{o1} - u_{o2} = 5.5$ V。

5 - 11　(1) $u_o = -u_C = -\dfrac{1}{RC} \displaystyle\int_0^t u_i \mathrm{d}t$；(2) 积分电路。

5 - 12　(1) $u_o = -RC \dfrac{\mathrm{d}u_i}{\mathrm{d}t}$；(2) 微分电路。

5 - 13　$i_o = \dfrac{u_s}{R}$。

5 - 14　$u_o = -i_s R_{fs}$。

5 - 18　$R_f = 500$ kΩ。

5 - 19　$u_{\mathrm{o}} = K u_{\mathrm{i}}^2$。

5 - 20　$u_{\mathrm{o}} = K^2 u_{\mathrm{i}}^3$。

6 - 1　输出级。

6 - 2　提供尽可能大功率以驱动负载。

6 - 3　直流电源提供的功率，负载。

6 - 4　大信号。

6 - 5　大，高，小。

6 - 6　甲类，乙类，甲乙类。

6 - 7　50%，小，78.5%。

6 - 8　交越失真。

6 - 9　甲乙类状态。

6 - 10　OCL。

6 - 11　OTL。

6 - 12　D。

6 - 13　B。

6 - 21　$P_{\mathrm{E}} = P_{\mathrm{o}} + 2P_{\mathrm{C}} = 9 + 2 \times 1.5 = 12$ W；$\eta = \dfrac{P_{\mathrm{o}}}{P_{\mathrm{E}}} = \dfrac{9}{12} = 75\%$。

6 - 22　$P_{\mathrm{CM}} \geqslant 0.2 P_{\mathrm{omax}} = 2$ W。

6 - 23　(1) $U_{\mathrm{CEm}} = U_{\mathrm{im}} = 10\sqrt{2}$ V，$P_{\mathrm{o}} = \dfrac{U_{\mathrm{CEm}}^2}{2R_{\mathrm{L}}} = \dfrac{200}{16} = 12.5$ W，

$$P_{\mathrm{E}} = \dfrac{P_{\mathrm{o}}}{\eta} = \dfrac{12.5}{0.555} = 22.5 \text{ W}, \quad P_{\mathrm{T}} = (P_{\mathrm{E}} - P_{\mathrm{o}})/2 = 5 \text{ W};$$

(2) $P_{\mathrm{o}} = \dfrac{V_{\mathrm{CC}}^2}{2R_{\mathrm{L}}} = \dfrac{400}{16} = 25$ W，$\eta = \dfrac{\pi}{4} = 78.5\%$。

6 - 24　(1) $P_{\mathrm{o}} = \dfrac{1}{2} \cdot \dfrac{U_{\mathrm{CEm}}^2}{R_{\mathrm{L}}} = \dfrac{1}{2} \cdot I_{\mathrm{om}}^2 \cdot R_{\mathrm{L}} = \dfrac{1}{2} \cdot 0.45^2 \cdot 35 = 3.54$ W；

(2) $P_{\mathrm{E}} = \dfrac{1}{\pi} \cdot \dfrac{U_{\mathrm{CEm}} \cdot V_{\mathrm{CC}}}{R_{\mathrm{L}}} = \dfrac{1}{\pi} \cdot I_{\mathrm{om}} \cdot V_{\mathrm{CC}} = \dfrac{1}{\pi} \cdot 0.45 \cdot 35 = 5.01$ W；

(3) $P_{\mathrm{C1}} = P_{\mathrm{C2}} = \dfrac{1}{2}(P_{\mathrm{E}} - P_{\mathrm{o}}) = \dfrac{1}{2} \cdot (5.01 - 3.54) = 0.735$ W；

$$P_{\mathrm{Cmax}} \approx 0.2 P_{\mathrm{omax}} = 0.2 \cdot \dfrac{1}{2} \cdot \dfrac{\left(\dfrac{1}{2} \cdot V_{\mathrm{CC}}\right)^2}{R_{\mathrm{L}}} = 0.2 \times \dfrac{1}{2} \cdot \dfrac{18^2}{35} = 0.926 \text{ W};$$

(4) $\eta = \dfrac{P_{\mathrm{o}}}{P_{\mathrm{E}}} = \dfrac{3.54}{5.01} \approx 71\%$。

7 - 1　(1) 电源变压器，整流电路，滤波电路，稳压电路；

(2) 特性指标，质量指标；

(3) 稳压电路输出端中含有的交流分量；

(4) 使输出电压可调，提供基准电压，调整输出电压使之稳定；

(5) 取样电路，基准电压，比较放大电路，调整电路，

$$U_{\mathrm{o}} = \dfrac{R_3 + R_4 + R_5}{R_4 + R_5}(U_{\mathrm{BE2}} + U_{\mathrm{Z}}) \sim \dfrac{R_3 + R_4 + R_5}{R_5}(U_{\mathrm{BE2}} + U_{\mathrm{Z}})$$

（6）输入端，输出端，地；

（7）负；

（8）脉冲调制开关电源，脉冲频率调制开关电源，谐振式开关电源；

（9）稳定性好，动态响应快，纹波小，干扰小，稳压性能好，电路简单；

（10）饱和，截止。

7-2　（1）B；（2）A；（3）B；（4）A；（5）B；（6）C。

7-3　（2）$U_o = \dfrac{R_3 + R_4 + R_5}{R_4 + R_5}(U_{BE2} + U_Z) \sim \dfrac{R_3 + R_4 + R_5}{R_5}(U_{BE2} + U_Z)$。

7-8　$U_A = +18$ V，$U_o = +15$ V。

7-9　$U_A = -12$ V，$U_o = -9$ V。

7-10　$N = 22$，$U_{2m} = 10$ V，$U_o = +9$ V。

参 考 文 献

[1] 钱聪. 电子线路分析与设计. 西安：陕西人民出版社，2000.

[2] 周雪. 模拟电子技术. 西安：西安电子科技大学出版社，2002.

[3] 孙肖子. 电子设计指南. 北京：高等教育出版社，2006.

[4] 童诗白，何金茂. 电子技术基础试题汇编. 北京：高等教育出版社，1992.

参 考 文 献

[1] ……，……，……，……：……人民出版社，2000．
[2] ……，……，……，……：……大学出版社，2003．
[3] ……，……，……，……：……大学出版社，2008．
[4] ……，……，……，……：……出版社，1992．